電子學實習(下)(第二版)
(附 Pspice 試用版光碟)

曾仲熙　編著

全華圖書股份有限公司　印行

授 權 書

　　映陽科技股份有限公司總代理 Cadence® 公司之 OrCAD® 軟體產品,並接受該公司委託負責台灣地區其軟體產品中文參考書之授權作業。

　　茲同意 全華圖書股份有限公司 所出版 Cadence® 公司系列產品中文參考書,書名:電子學實習(上)(下) 作者:曾仲熙,得引用 OrCAD® Pspice® V16.X 中的螢幕畫面、專有名詞、指令功能、使用方法及程式敘述,隨書並得附本公司所提供之試用版軟體光碟片。

有關 Cadence® 公司所規定之註冊商標及專有名詞之聲明,必須敘述於所出版之文書內。為保障消費者權益,Cadence® 公司產品若有重大版本更新,本公司得通知全華圖書股份有限公司或作者更新中文書版本。

　　本授權同意書依規定須裝訂於上述中文參考書內,授權才得以生效。

此致

　　　全華圖書股份有限公司

授權人:映陽科技股份有限公司

代表人:湯秀珍

中華民國一○○年四月二十日

Your EDA Partner

映陽科技(台北)台北縣三重市重新路五段 609 巷 16 號 3 樓 / 湯城　TEL:02 2995 7668　FAX:02 2995 7559
映阳科技(苏州)TEL:+86 512 6252 3455　FAX:+86 512 6252 2966
映阳科技(深圳)TEL:+86 755 8384 3286　FAX:+86 755 8384 3441

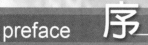

preface 序

電子學實習是電機類科系最重要的入門實習科目，本實習教材依據
Sedra/Smith 所著 "Microelectronic Circuits" 教科書編撰而成。本實習教材
著重於實際電子電路的設計方法及其應用，故較不偏重於理論的推導與分
析，本實習教材共分上、下兩冊，實習上冊內容以 Diode、BJT 及 MOSFET
的應用為主，下冊內容以 OP AMP 的應用為主，內容目錄如下：

實用電子學實習上冊目錄：

實用電子學實習下冊目錄：

　　本實習教材的內容盡量涵蓋 Sedra/Smith 所著 "Microelectronic Circuits" 教科書內的所有重要課題，授課老師可視實際教學情形，自行增減實習內容，當然筆者希望初學者能將本教材的所有實習做完，若能如此，初學者會對電子學的內容有更深入的體認，也一定會提升初學者設計電子電路的能力，本教材亦希望能充當讀者在設計電子電路時的工具書，所以本實習教材盡量偏重於實務面，內容撰寫盡量簡單明瞭，因此一些基礎的電子電路理論或基本公式，本實習教材並未詳細說明或推導，讀者需自行參考 Sedra/Smith 所著 "Microelectronic Circuits" 教科書。

　　本實習教材的上、下冊均編有 17 個實驗，授課老師可視實際教學情形選擇重點實習，有些實驗內容較多，可分兩次實驗完成，也可以一次做兩個內容較少的實驗，建議上冊重點實驗為 {1, 2, 3, 4, 7, 8, 9, 10, 11, 13, 14, 15, 16}、下冊重點實驗為 {1, 2, 3, 4, 5, 6, 7, 10, 12, 13, 15, 16, 17}。

筆者才疏學淺，拙著謬誤難免，望各方前輩不吝指正，本人感謝明新科技大學電機系廖振宏老師和黎燕芳老師，所提供的資料及討論，才能完成此實習教材，最後由衷感謝吳柏陞先生耐心地打字及繪圖，同時感謝全華圖書曾嘉宏先生細心的編輯。

曾仲熙 謹識

明新科技大學 電機系

Email: cstseng@must.edu.tw

編輯部序

　　「系統編輯」是我們的編輯方針，我們所提供給您的，絕不只是一本書，而是關於這門學問的所有知識，它們由淺入深，循序漸進。

　　電子學實習是電子電機系最重要的入門實習科目，本書著重於實際電子電路的設計方法及其應用，故較不偏重於理論的推導與分析，盡量偏重於實務面，內容撰寫簡單明瞭，所以亦可當讀者在設計電子電路時的工具書，上冊內容以 Diode、BJT 及 MOSFET 的應用為主，下冊內容以 OP AMP 的應用為主。本書適合科大電子、電機系「電子學實習」課程使用。

　　同時，為了使您能有系統且循序漸進研習相關方面的叢書，我們以流程圖方式，列出各有關圖書的閱讀順序，以減少您研習此門學問的摸索時間，並能對這門學問有完整的知識。若您在這方面有任何問題，歡迎來函連繫，我們將竭誠為您服務。

相關叢書介紹

書號：0630001
書名：電子學(基礎理論)(第十版)
編譯：楊棧雲.洪國永.張耀鴻
16K/592 頁/700 元

書號：06490
書名：Altium Designer 電腦輔助電路
　　　設計－疫後拼經濟版
編著：張義和
16K/520 頁/580 元

書號：06186036
書名：電子電路實作與應用
　　　(第四版)(附 PCB 板)
編著：張榮洲.張宥凱
16K/296 頁/450 元

書號：0630101
書名：電子學(進階應用)(第十版)
編譯：楊棧雲.洪國永.張耀鴻
16K/360 頁/500 元

書號：0247602
書名：電子電路實作技術
　　　(修訂三版)
編著：蔡朝洋
16K/352 頁/390 元

書號：06028027
書名：單晶片微電腦
　　　8051/8951 原理與應用(C 語言)
　　　(第三版)(附範例、系統光碟)
編著：蔡朝洋.蔡承佑
16K/656 頁/550 元

書號：0512904
書名：電腦輔助電子電路設計－使用
　　　Spice 與 OrCAD PSpice
　　　(第五版)
編著：鄭群星
16K/616 頁/650 元

◎上列書價若有變動，請以
　最新定價為準。

流程圖

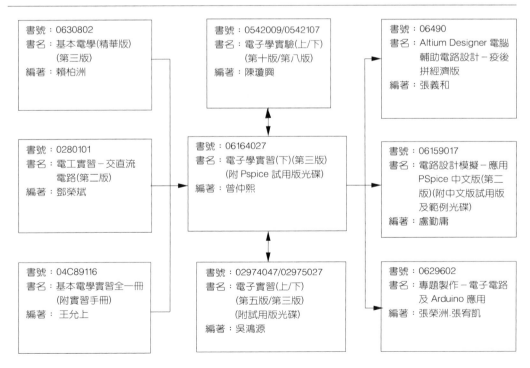

contents 目錄

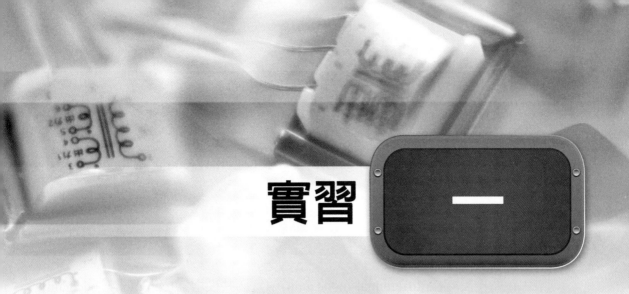

實習 一

運算放大器基本電路－反相、非反相放大器實驗

一、實習目的：

　　了解運算放大器的基本原理與常用的反相、非反相放大器電路及電壓隨耦器的應用。

二、實習原理：

　　運算放大器(operation amplifier 或 OP AMP)，因可執行加、減、乘、除、微分、積分等基本數學運算而得其名。在電路的應用非常廣泛，而基本的運算放大器電路有反相放大器(inverting amplifier)、非反相放大器(non-inverting amplifier)和電壓隨耦器(voltage follower)等。

(一)運算放大器基本原理：

1. 理想的運算放大器有下列幾個特性：
   (1) 輸入阻抗無限大。
   (2) 輸出阻抗為零。
   (3) 開迴路增益(open-loop gain)無限大。

(4) 頻寬(Bandwidth)無限大。

(5) 共模增益(common-mode gain)為零或共模拒斥比(common-mode rejection ratio，CMRR)無限大。

$$CMRR = 20\log\frac{|A_d|}{|A_{cm}|} \tag{1-1}$$

其中A_d為差模增益(differential-mode gain)，A_{cm}為共模增益(common-mode gain)。

2. 實際的運算放大器並非理想的運算放大器，以一般常用的運算放大器(μA741)為例、其參數值如表 1-1 所示：

▼ 表 1-1　運算放大器(μA741)參數值

參數名稱	理想的運算放大器	μA741
輸入電阻	無限大	2MΩ
輸出電阻	0	75Ω
開迴路增益	無限大	2×10^5
頻寬	無限大	1MHz
共模拒斥比(CMRR)	無限大	80dB
單位增益的頻寬(ω_t)	無限大	1MHz
全功率頻寬(ω_M)	無限大	10kHz
迴轉率(SR)	無限大	0.5V/μs=5×10^5V/s

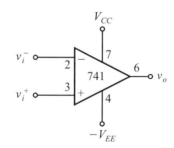

▲ 圖 1-1　為運算放大器(μA741)的基本接腳

v_i^-為反相輸入端(inverting input)，v_i^+為非反相輸入端(non-inverting input)，v_o為輸出端(output)，V_{CC}為正電源端，$-V_{EE}$為負電源端。

3. 偏移電壓(offset voltage)調整：

　　如果將運算放大器的兩個輸入端一起接地(grounding)，我們會發現輸出電壓 V_o 不為零(為一有限的直流電壓)。這是因為運算放大器的輸入差動級不匹配且直流增益很大所造成的結果，有一些運算放大器提供消除偏移電壓的端點，以便將偏移電壓歸零，如圖 1-2 所示：

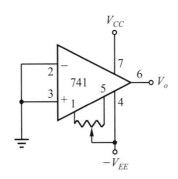

▲ 圖 1-2　偏移電壓歸零電路

🖋️註 除了比較器(comparator)電路外，運算放大器均以閉迴路組態應用。

4. 偏壓電流(bias current)補償電阻：

　　為了補償偏壓電流對運算放大器的輸出造成影響，以反相放大器電路為例，在非反相輸入端(b 點)串接一個補償電阻，如圖 1-3 所示。

$$R_{comp} = R_1 // R_2 \tag{1-2}$$

　　其電阻值為反相輸入端(a 點)看出去的等效電阻值，其目的是為了使偏壓電流 $I_- = I_+$。

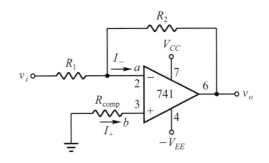

▲ 圖 1-3　有偏壓電流補償電阻的運算放大器電路

由於運算放大器輸入端的電晶體參數並不會完全相同，因此 I_+ 與 I_- 間總有微量的誤差存在，此 I_+ 與 I_- 之間的差就定義為偏移電流 I_{OS} (offset current)。

$$I_{os} = \left| I_+ - I_- \right| \tag{1-3}$$

5. 頻寬(ω_b)與閉迴路增益(A)間的關係：

$$A\omega_b = \omega_t \tag{1-4}$$

(1-4)式右邊的 ω_t 為單位增益的頻寬(unity-gain bandwidth)，(1-4)式左邊的被稱為增益頻寬積(gain-bandwidth product)。從(1-4)式可知運算放大器的增益越大，則頻寬愈窄。μA741 的 ω_t 請參考表 1-1 所示。

註 有些運算放大器的單位增益頻寬與增益頻率積並不相等。

6. 運算放大器的迴轉率(slew rate (SR))：

在大輸出訊號操作時，會導致輸出失真的現象，由於運算放大器的內部電路限制了輸出電壓的變化率，即迴轉率定義為

$$SR = \frac{dV_o}{dt}\Big|_{max} \tag{1-5}$$

考慮在電壓隨耦器電路輸出一正弦波，其峰值電壓為 V_p，則其輸出

$$V_o = V_p \sin(\omega t)$$
$$SR = \max(\frac{dV_o}{dt}) = \max(V_p\omega\cos\omega t) = \omega V_p \tag{1-6}$$

此時的 ω 稱為全功率頻寬(full-power bandwidth)ω_M，即 SR 及 V_p 限制了 ω_M 的大小，

$$\omega_M = \frac{SR}{V_p} \tag{1-7}$$

在既定 SR 下，需要提高 ω_M 範圍，則需降低輸出電壓大小，亦即減少輸入電壓的大小。μA741 的 SR 與 ω_M，請參考表 1-1。

註 μA741 的最大輸出電流是±20mA；若超過此電流限制，則輸出電壓會降低(將導致輸出電壓波形失真、變形)。

註 μA741 的最大輸出電壓(輸出飽和電壓)，必須在正負源電壓以內(約各減少 2 伏特)，否則輸出電壓的波峰會被截掉而導致波形失真。所以輸入訊號必須保持相對的小。

(二)反相放大器的基本原理：

　　基本的反相放大器電路如圖 1-4 所示，由於運算放大器的開迴路增益及輸入電阻均相當大，所以 OP AMP 的輸入電流可忽略不計，因此在 OP AMP 兩輸入端 a、b 間的電壓差非常小而可忽略不計，因 b 點接地(ground)，所以 a 端電壓亦接近 b 點電壓，一般稱之為虛接地(virtual ground)。

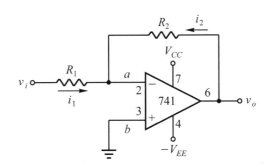

▲ 圖 1-4　反相放大器電路

　　參考圖 1-4，由於 OP AMP 的輸入電流可忽略不計，因此

$$i_i = \frac{v_i}{R_1} = -i_2 = \frac{v_o}{R_2} \tag{1-8}$$

化簡後，可得反相放大器電壓增益為 A_v

$$A_v = \frac{v_o}{v_i} = -\frac{R_2}{R_1} \tag{1-9}$$

　　由(1-9)式可知，適當的選取 R_1 和 R_2，即可獲得將輸入電壓放大(R_2/R_1)倍，且和輸入電壓相位相反之輸出電壓。

(三)非反相放大器的基本原理：

另一個常見運算放大器電路為非反相放大器，如圖 1-5 所示，如同前面所敘述，運算放大器兩輸入端 a、b 間的電壓差非常小而可忽略，所以 $v_a \doteqdot v_b$(稱為虛短路(virtual short circuit))，且 OP AMP 的輸入電流可忽略不計，因此利用 KCL(克希荷夫電流定律)可得

$$\frac{v_i}{R_1} = i_1 = i_2 = \frac{v_o - v_i}{R_2} \tag{1-10}$$

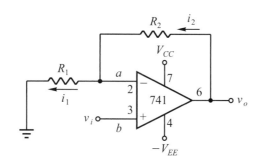

▲ 圖 1-5　非反相放大器電路

由(1-10)式，經化簡後可得非反相放大器電壓增益為 A_v

$$A_v = \frac{v_o}{v_i} = 1 + \frac{R_2}{R_1} \tag{1-11}$$

由(1-11)式可知，適當的選取 R_1 和 R_2，即可獲得將輸入電壓放大$(1+R_2/R_1)$倍且和輸入電壓相位相同之輸出電壓。

(四)電壓隨耦器的基本原理：

在圖 1-5 中，令 $R_1 = \infty$，$R_2 = 0$，就可得到單位增益的放大器 $v_o = v_i$，如圖 1-6 所示。由於輸出和輸入電壓一樣，也就是說輸出電壓總是追隨著輸入電壓，因此我們稱這種電路為電壓隨耦器(voltage follower)。電壓隨耦器的輸入阻抗很大，輸出阻抗很小，因此常用來連接高阻抗訊號源和低阻抗負載間的緩衝器(buffer)。

對於實際的放大器而言，增益並非無限大，因而兩輸入端會有一很小的電位差存在，造成輸出電壓和輸入電壓間會有一小的電位差。這種情況在輸入訊號很小時較明顯，輸入訊號較大時則不明顯。

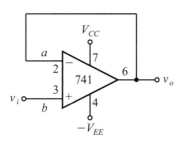

▲ 圖 1-6　電壓隨耦器電路

註 目前沒有一個 OP AMP 能夠具備所有"理想"的性能，因此製造商開發各種不同性能之 OP AMP，有高輸入阻抗型、低偏移電壓型、寬頻帶型(有較高的 slew rate，但較耗電)、低雜訊型、低消耗功率型及大功率型等不同種類之 OP AMP，以滿足不同之需求。

三、實習步驟：

(一)實驗設備：

1.　電源供應器　×1
2.　訊號產生器　×1
3.　示波器　　　×1
4.　三用電表　　×1
5.　麵包板　　　×1

(二)實驗材料：

若無特別說明電阻規格均為 1/4W，電解電容耐壓 35V，可變電阻為 B 類直線型。

電阻	1kΩ×1, 5.1kΩ×1, 10kΩ×5, 51kΩ×1, 100kΩ×1
可變電阻	5kΩ×1
IC	µA741×1

(三)實驗項目：

1. 反相放大器實驗：

(1) 實驗電路接線如下圖：

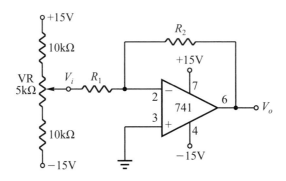

(2) 電阻 R_1=10kΩ、R_2=100kΩ 固定，改變輸入電壓 V_i，測量不同輸入電壓時之輸出電壓 V_o，紀錄於下表：

V_i	−1.5	−1.2	−1.0	−0.5	0	0.5	1.0	1.2	1.5
V_o									
A_v									
理論 A_v									

(3) 依上表實驗所得之數據，做 V_o 對 V_i 之轉移曲線繪於下圖，並由圖中求 A_v=_____。(座標軸及刻度單位可自定)

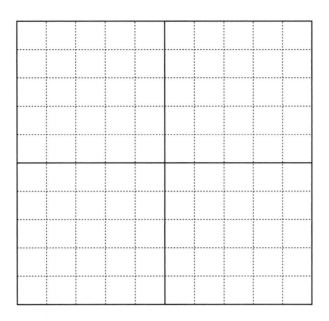

(4) 固定輸入電壓 V_i=1V，電阻 R_1=10kΩ，改變 R_2 分別為 1kΩ、5.1kΩ、10kΩ、51kΩ 及 100kΩ，測量不同迴授電阻 R_2 時之輸出電壓 V_o，紀錄於下表：

R_2	1kΩ	5.1kΩ	10kΩ	51kΩ	100kΩ
V_o					
A_v					
理論 A_v					

(5) 設定 R_1=10kΩ，R_2=100kΩ，將輸入電壓 V_i 改為由訊號產生器供應，接線如下圖。

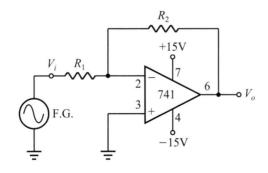

設定訊號產生器之輸出頻率 f=1kHz，振幅為±1V，波形分別為正弦波及方波訊號，以示波器量測 V_i、V_o 之波形，並將之記錄於下圖中。

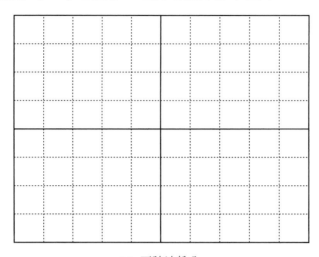

(a) 正弦波輸入

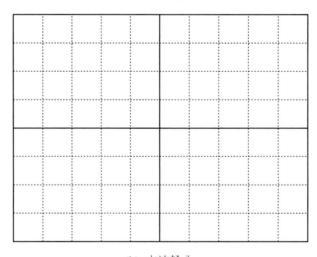

(b) 方波輸入

(6) 將訊號產生器之輸出波形設為正弦波，振幅設為±1V，分別設定輸出頻率 f=100Hz、330Hz、1kHz、3.3kHz、10kHz、33kHz 及 100kHz，量測不同輸入訊號頻率對放大器電壓放大率之影響，計算各頻率條件下之 A_v(dB) 值紀錄於下表中。

f(Hz)	100	330	1k	3.3k	10k	33k	100k
V_o							
A_v							
A_v(dB)							

(7) 依上表實驗所得之數據做 A_v 對 f 之頻率響應圖，繪於下圖。

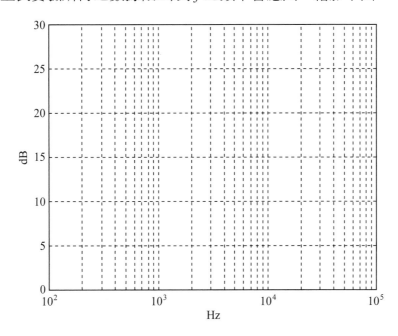

2. 非反相放大器實驗：

(1) 實驗電路接線如下圖。

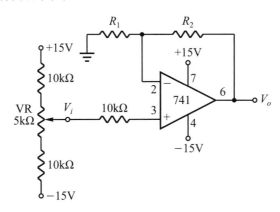

(2) 電阻 R_1=10kΩ、R_2=100kΩ 固定,改變輸入電壓 V_i 測量不同輸入電壓時之輸出電壓 V_o,紀錄於下表:

V_i	−1.5	−1.2	−1.0	−0.5	0	0.5	1.0	1.2	1.5
V_o									
A_v									
理論 A_v									

(3) 依上表實驗所得之數據做 V_o 對 V_i 之轉移曲線繪於下圖,並由圖中求 A_v=_____。

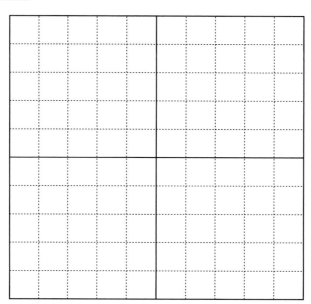

(4) 固定輸入電壓 V_i=1V,電阻 R_1=10kΩ,改變 R_2 分別為 1kΩ、5.1kΩ、10kΩ、51kΩ 及 100kΩ,測量不同迴授電阻 R_2 時之輸出電壓 V_o,紀錄於下表:

R_2	1kΩ	5.1kΩ	10kΩ	51kΩ	100kΩ
V_o					
A_v					
理論 A_v					

(5) 設定 R_1=10kΩ，R_2=100kΩ，將輸入電壓 V_i 改爲由訊號產生器供應，接線如下圖。

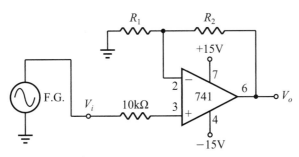

設定訊號產生器之輸出頻率 f=1kHz，振幅爲±1V，波形分別爲正弦波及方波訊號，以示波器量測 V_i、V_o 之波形，並將之記錄於下圖中。

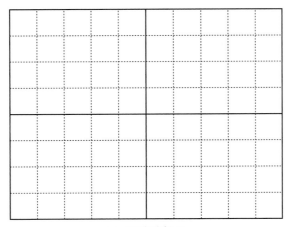

(a) 正弦波輸入

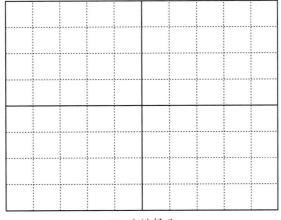

(b) 方波輸入

(6) 將訊號產生器之輸出波形設為弦波，振幅設為±1V，分別設定輸出頻率 f=100Hz、330Hz、1kHz、3.3kHz、10kHz、33kHz 及 100kHz，量測不同輸入訊號頻率對放大器電壓放大率之影響，計算各頻率條件下之 A_v(dB) 值紀錄於下表中。

f(Hz)	100	330	1k	3.3k	10k	33k	100k
V_o							
A_v							
A_v(dB)							

(7) 依上表實驗所得之數據做 A_v 對 f 之頻率響應圖，繪於下圖。

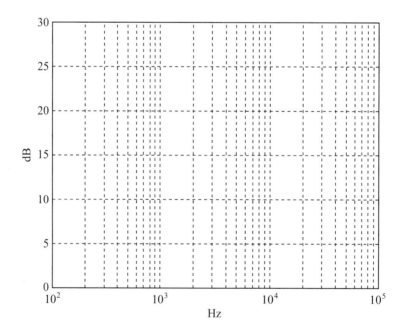

四、電路模擬：

　　為了方便同學課前預習與課後練習，前述之實驗可以利用 Pspice 軟體進行電路之分析模擬，可與實際實驗電路之響應波形進行比對，增進電路檢測分析的能力。

(一)反相放大器 Pspice 模擬電路圖如下：

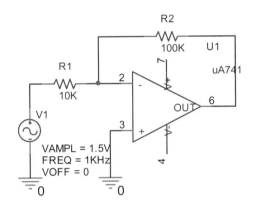

1. 反相放大器中 V_o 對 V_i 之轉移曲線圖如下：

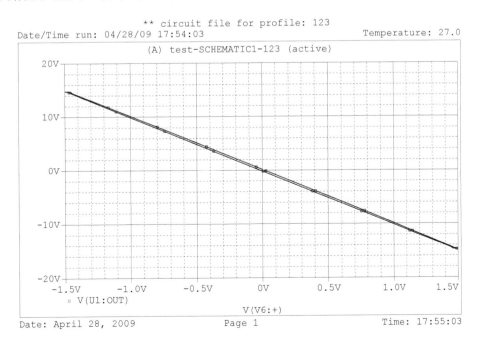

2. 反相放大器輸入、輸出電壓波形如下：

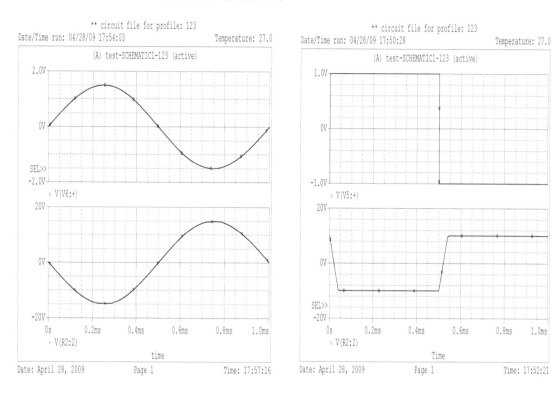

3. 反相放大器 A_v 之頻率響應圖如下：

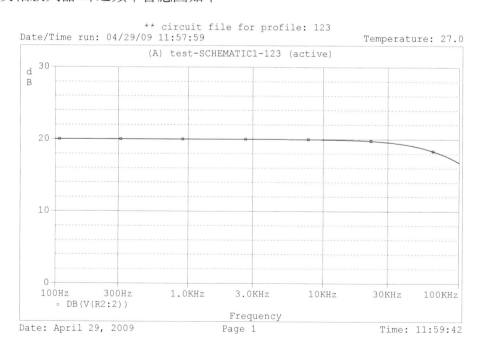

(二)非反相放大器 Pspice 模擬電路圖如下：

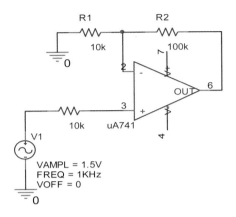

1. 非反相放大器中 V_o 對 V_i 之轉移曲線圖如下：

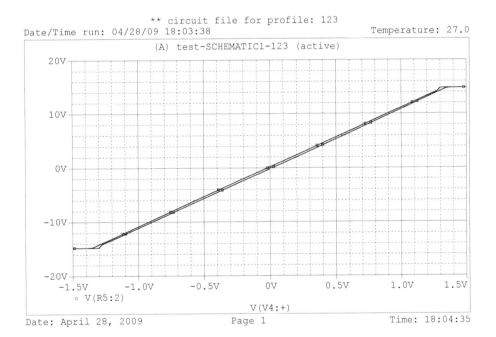

2. 非反相放大器輸入、輸出電壓波形如下：

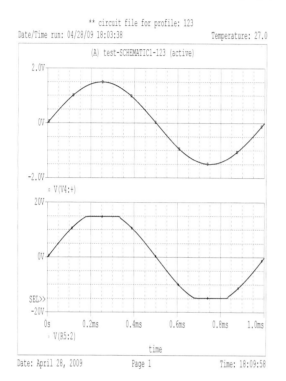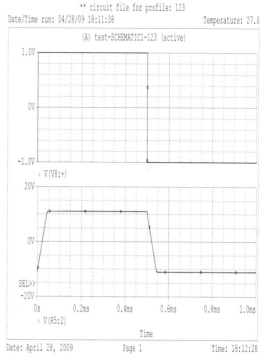

3. 非反相放大器 A_v 之頻率響應圖如下：

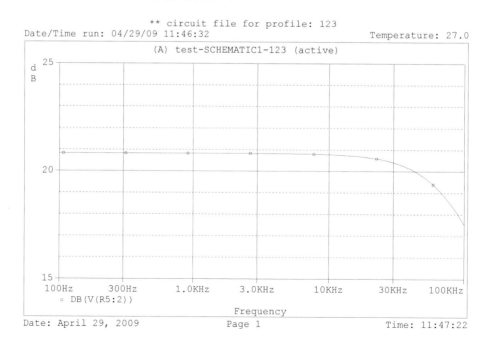

五、問題與討論：

1. 利用表 1-1，討論運算放大器(μA741)的參數值。

2. OP 偏壓為±15V，若將反相放大器的電壓增益調為－20，當輸入電壓為 1V 時，則輸出電壓會是－20V 嗎？如果不是，那麼輸出電壓大約會是多少呢？

3. 反相放大器或非反相放大器較常被使用？為什麼？

4. 電壓隨耦器應用於何種場合？

5. 運算放大器適合當輸出級(output stage)放大器嗎？

6. 列舉另一顆常用的運算放大器。

7. 上網路找 μA741 的 data sheet。

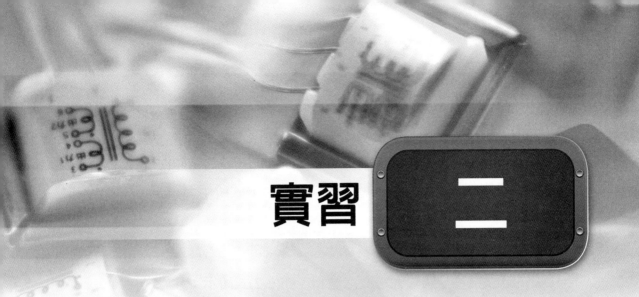

實習 二

運算放大器之加法器與減法器實驗

一、實習目的：

了解 OP AMP 之加法器與減法器原理。

二、原理說明：

加法器與減法器電路是運算放大器最常見的應用電路。

(一)反向加法器(inverting summer)：

反向加法器電路，如圖 2-1 所示：

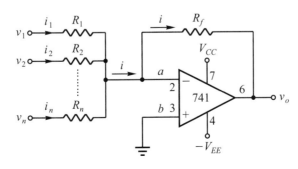

▲ 圖 2-1　反向加法器電路圖

由圖 2-1 中知反向加法器電路中的輸出電壓 v_o 與輸入電壓 v_1，v_2，v_3，…，v_n 關係，可藉由 OP AMP 的輸入電阻非常大(a、b 間視為虛短路(virtual short circuit))的特性及重疊定理求得，每一個輸入電流，如(2-1)式所示：

$$i_1 = \frac{v_1}{R_1}, \ i_2 = \frac{v_2}{R_2}, ..., i_n = \frac{v_n}{R_n} \tag{2-1}$$

且總電流 i 為每一個輸入電流之總和，如(2-2)式所示：

$$i = i_1 + i_2 + i_3 + ... + i_n \tag{2-2}$$

則反向加法器的輸出電壓 v_o，如(2-3)式所示：

$$v_o = -iR_f = -(\frac{R_f}{R_1}v_1 + \frac{R_f}{R_2}v_2 + ... + \frac{R_f}{R_n}v_n) \tag{2-3}$$

若選取 $R_1 = R_2 = ... = R_f$，則反向加法器的輸出電壓可改寫如(2-4)式所示：

$$v_o = -iR_f = -(v_1 + v_2 + ... + v_n) \tag{2-4}$$

即輸出電壓 v_o 等於輸入電壓 v_1，v_2，v_3，…，v_n 之總和，但相位相反。

(二)非反向加法器(non-inverting summer)：

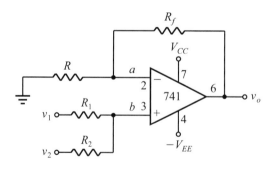

▲ 圖 2-2 非反相加法器電路

由圖 2-2 中知非反向加法器電路的輸出電壓與輸入電壓之關係，必須先利用重疊定理求解非反相輸入端電壓 v_b，其電壓方程式如(2-5)式所示：

$$v_b = \frac{R_2}{R_1 + R_2}v_1 + \frac{R_1}{R_1 + R_2}v_2 \tag{2-5}$$

　　因 OP AMP 的輸入電阻非常大(a、b 間視為虛短路(virtual short circuit))，故輸入電流非常小且開迴路增益很大，所以 $v_a \fallingdotseq v_b$，且利用克希荷夫電流定律寫出輸出電壓方程式，如(2-6)式所示：

$$\frac{v_o - v_a}{R_f} = \frac{v_a}{R} \tag{2-6}$$

　　因為 $v_a \fallingdotseq v_b$，故將(2-5)式代入(2-6)式後，則可得出輸出電壓與輸入電壓之關係如(2-7)式所示：

$$v_o = (1 + \frac{R_f}{R})v_a = (1 + \frac{R_f}{R})v_b = (1 + \frac{R_f}{R})\left(\frac{R_2 v_1}{R_1 + R_2} + \frac{R_1 v_2}{R_1 + R_2} \right) \tag{2-7}$$

　　若選擇 $R_f = R$ 及 $R_1 = R_2$，則輸出電壓與輸入電壓之關係，將改寫如(2-8)式所示：

$$v_o = 2\left(\frac{v_1}{2} + \frac{v_2}{2} \right) = v_1 + v_2 \tag{2-8}$$

　　即輸出電壓 v_o 等於輸入電壓 v_1 及 v_2 之和且為同相位。

(三)減法器(subtractor)：

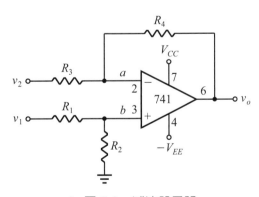

▲ 圖 2-3　減法器電路

　　由圖 2-3 中知減法器電路其輸出電壓與輸入電壓之關係，必須先利用分壓定理求解非反相輸入端電壓 v_b，其電壓方程式如(2-9)式所示，並且利用重疊定理求解反相輸入端電壓 v_a，其電壓方程式如(2-10)式所示：

$$v_b = \frac{R_2}{R_1 + R_2} v_1 \tag{2-9}$$

$$v_a = \frac{R_4}{R_3 + R_4} v_2 + \frac{R_3}{R_3 + R_4} v_o \tag{2-10}$$

因 OP AMP 的輸入電阻非常大(a、b 間視為虛短路(virtual short circuit))，故輸入電流非常小且開迴路增益很大，所以 $v_a \doteq v_b$，所以輸出電壓與輸入電壓的關係可寫出如(2-11)式所示：

$$v_o = \frac{R_3 + R_4}{R_3} \left(\frac{R_2}{R_1 + R_2} v_1 - \frac{R_4}{R_3 + R_4} v_2 \right) \tag{2-11}$$

若選擇 $R = R_1 = R_2 = R_3 = R_4$，則可將(2-11)式簡化如(2-12)式所示：

$$v_o = 2\left(\frac{1}{2} v_1 - \frac{1}{2} v_2 \right) = v_1 - v_2 \tag{2-12}$$

即輸出電壓 v_o 等於輸入電壓 v_1 減去輸入電壓 v_2。

註 在加法器或減法器中的電阻值似乎可自由選擇，但實際上若選的電阻值太小，則有較大的電流流經這些電阻，因此效率較差(即較耗電)。若選的電阻值太大，雖然此時較不耗電；但流經電阻的電流太小，此種電路較易受雜訊干擾，故實際上電阻值不能太小也不能太大，一般以 10kΩ 左右的電阻值可兼具效率(耗電)及雜訊拒斥能力的考量。

三、實驗步驟：

(一)實習設備：

1. 電源供應器 ×1
2. 訊號產生器 ×1
3. 示波器　　 ×1
4. 三用電表　 ×1
5. 麵包板　　 ×1

(二)實驗材料：

若無特別說明，則電阻規格均為 1/4W，電解電容耐壓 35V，可變電阻為 B 類直線型。

電阻	1kΩ×1, 5.1kΩ×2, 10kΩ×5, 51kΩ×1, 100kΩ×1
可變電阻	10kΩ×1
IC	μA741×2

(三)實驗項目：

1. 反向加法器實驗：

(1) 實驗電路接線如下圖。

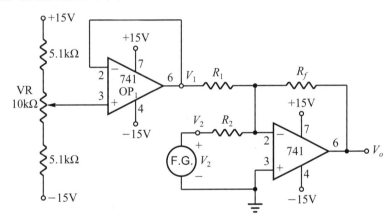

(2) 電阻 R_1=10kΩ、R_2=10kΩ、R_f=10kΩ 固定，改變 10kΩ 可變電阻以改變輸入電壓 V_1，V_2 則藉訊號產生器提供不同大小之直流電壓(例如輸入方波 ±3V、±5V)，再利用示波器觀察不同直流電壓 V_1、V_2 時之輸出電壓 V_o，並且紀錄於下表。

V_2 ＼ V_1	−5V	−3V	0V	3V	5V
−5V					
−3V					
0V					
3V					
5V					

(3) 依上表中，V_1=5V 實驗所得之數據，做 V_o 對 V_2 之轉移曲線繪於下圖(座標軸及刻度單位可自定)。

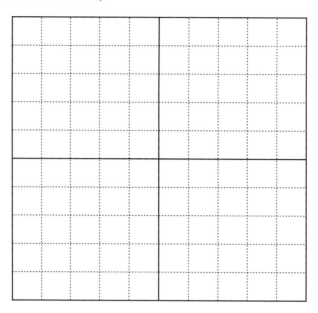

(4) 當 R_1=10kΩ、R_2=10kΩ、R_f=10kΩ，固定輸入電壓 V_1=5V，V_2 則藉訊號產生器提供 1kHz，$10V_{pp}$ 之正弦波，利用示波器 CH1 觀察 V_2，CH2 觀察 V_o，示波器 CH1 及 CH2 均採用 DC 耦合且設定爲 X-Y 模式，將顯示結果繪於下圖(座標軸及刻度單位可自定)，並與上圖比較。

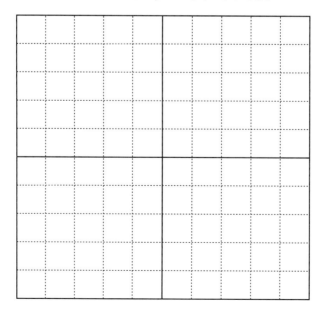

2. 非反向加法器實驗：

(1)　實驗電路接線如下圖。

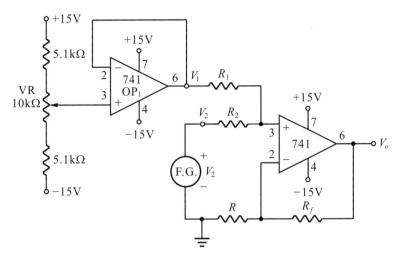

(2)　電阻 R_1、R_2、R_f 及 R 皆為 10kΩ 固定，改變 10kΩ 可變電阻以改變輸入電壓 V_1，V_2 則藉訊號產生器提供不同大小之直流電壓，利用示波器觀察不同直流電壓 V_1、V_2 時之輸出電壓 V_o，紀錄於下表：

V_1 \ V_2	−5V	−3V	0V	3V	5V
−5V					
−3V					
0V					
3V					
5V					

(3) 依上表中，V_1=5V 實驗所得之數據，做 V_o 對 V_2 之轉移曲線繪於下圖(座標軸及刻度單位可自定)。

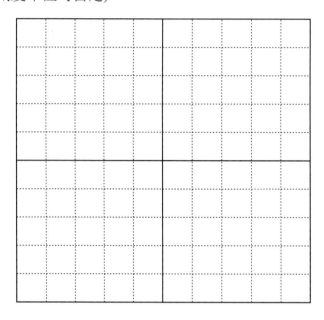

(4) 當 R_1、R_2、R_f 及 R 皆為 10kΩ 固定，固定輸入電壓 V_1=5V，V_2 則藉訊號產生器提供 1kHz、$10V_{pp}$ 之正弦波，利用示波器 CH1 觀察 V_2，CH2 觀察 V_o，示波器 CH1 及 CH2 均採用 DC 耦合且設定為 X-Y 模式，將顯示結果繪於下圖(座標軸及刻度單位可自定)，並與上圖比較。

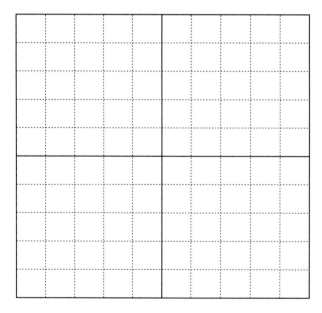

3. 減法器實驗:

(1) 實驗電路接線如下圖。

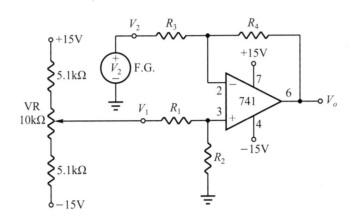

(2) 電阻 R_1、R_2、R_3 及 R_4 皆為 10kΩ 固定,改變 10kΩ 可變電阻以改變輸入
電壓 V_1,V_2 則藉訊號產生器提供不同大小之直流電壓,利用示波器觀察
不同直流電壓 V_1、V_2 時之輸出電壓 V_o,紀錄於下表。

V_2 \ V_1	−5V	−3V	0V	3V	5V
−5V					
−3V					
0V					
3V					
5V					

(3) 依上表中，V_1=5V 實驗所得之數據，做 V_o 對 V_2 之轉移曲線繪於下圖(座標軸及刻度單位可自定)。

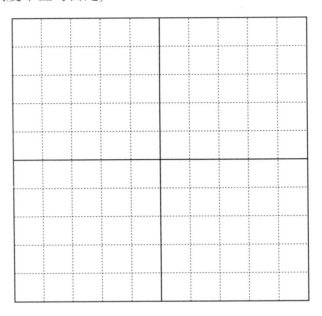

(4) 當 R_1、R_2、R_3 及 R_4 皆為 10kΩ 固定，固定輸入電壓 V_1=5V，V_2 則藉訊號產生器提供 1kHz、$10V_{pp}$ 之正弦波，利用示波器 CH1 觀察 V_2，CH2 觀察 V_o，示波器 CH1 及 CH2 均採用 DC 耦合且設定為 X-Y 模式，將顯示結果繪於下圖(座標軸及刻度單位可自定)，並與上圖比較。

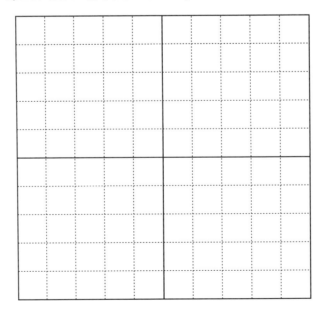

四、電路模擬：

以 Pspice 軟體模擬、分析電路特性，可將軟體模擬結果與實際電路實驗結果做比較、對照。

(一)反向加法器模擬電路圖如下：

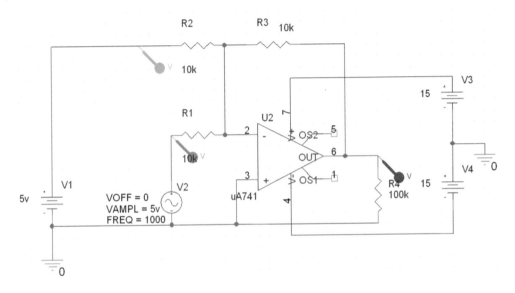

1. V_1=5V，V_2 正弦波及 V_o 輸出波形如下：

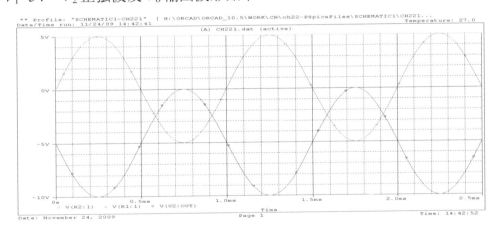

2. V_o 對 V_2 之轉移曲線圖如下：

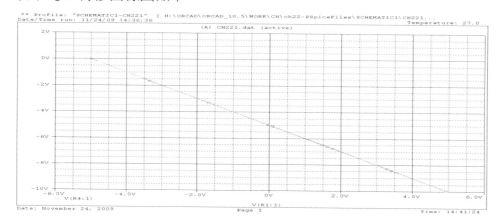

(二)減法器模擬電路圖如下：

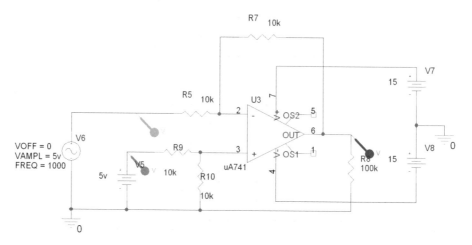

1. V_1=5V，V_2 正弦波及 V_o 輸出波形如下：

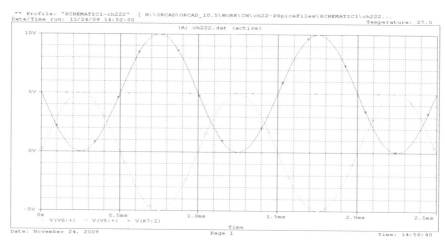

2. V_o 對 V_2 之轉移曲線圖如下：

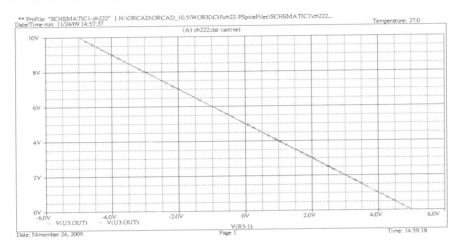

五、問題與討論：

1. 為何在反向加法器實驗、非反向加法器實驗及減法器實驗中，前兩者有應用到電壓隨耦器，為什麼減法器實驗卻沒有使用？反向加法器實驗、非反向加法器實驗中，如果沒有應用到電壓隨耦器，有可能出現什麼問題？

2. 如反向加法器實驗接線，$R_1=10k\Omega$、$R_2=10k\Omega$、$R_f=10k\Omega$，當 $V_1=10V$、$V_2=10V$ 時，V_o 實驗輸出應為多少？和(2-3)式推算結果相比較有差異嗎？如果有差異，原因為何？

3. OP 偏壓為±15V，在非反相加法器中，若 $V_1=10V$、$V_2=10V$ 時，則實驗輸出會是 $V_o=20V$ 嗎？如果不是，那麼輸出電壓 V_o 大約會是多少呢？

4. 反相加法器或非反相加法器較常被使用？為什麼？

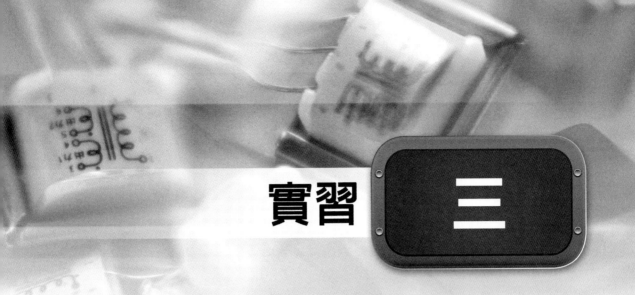

實習 三

運算放大器之積分器與微分器實驗

一、實習目的:

了解如何利用 OP AMP 來設計積分器(integrator)與微分器(differentiator)電路。

二、實習原理:

積分器與微分器電路是運算放大器最常見的應用電路。

(一)反向積分器(inverting integrator):

反向積分器電路,如圖 3-1 所示:

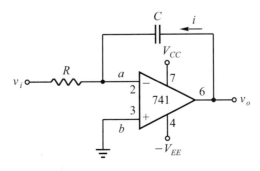

▲ 圖 3-1 反向積分器電路圖

由圖 3-1 中知反向積分器的電路其輸出電壓與輸入電壓之關係，必須先寫出電流方程式，如(3-1)式所示：

$$i = C\frac{dv_o}{dt} = -\frac{v_i}{R} \tag{3-1}$$

且將上式(3-1)積分可得輸出電壓與輸入電壓之關係，如(3-2)式所示：

$$v_o = -\frac{1}{RC}\int v_i(t)dt \tag{3-2}$$

即輸出電壓 v_o 為輸入電壓 v_i 之積分，增益為 $-1/RC$，但其相位相反。

實際上積分電路會受直流偏移電壓 V_{os}(offset voltage)與偏移電流 I_{os}(offset current)的影響。為了補償 I_{os} 的影響，可在 OP AMP 的非反相輸入端加入一偏移電流補償電阻 $R_{comp}=R$(如圖 3-2 所示)，來避免 I_{os} 流入 C 內。但無論如何補償，必定還是有少量的 I_{os} 流入 C 內，為了解決此問題，可藉由在 C 上並聯一電阻 R_f，以便提供一條直流路徑讓 I_{os} 通過，且 R_f 值越小越好，但不幸的是 R_f 的值小，積分器的特性就變得越不理想，因而常選 $R_f =1M\Omega$ 左右。其修正後的反向積分器電路如圖 3-2 所示：

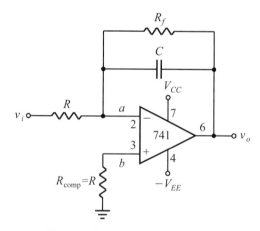

▲ 圖 3-2　修正後的反向積分器電路

如圖 3-2，修正後的反向積分器的轉移函數，如(3-3)式所示：

$$\frac{v_o(s)}{v_i(s)} \approx \frac{\dfrac{-R_f}{R}}{1+sR_fC} = \frac{-\dfrac{1}{RC}}{s+\dfrac{1}{R_fC}} \tag{3-3}$$

所以在輸入訊號的角頻率 $\omega >> 1/R_fC$ 時($s=j\omega$)(或頻率 $f >> 1/2\pi R_fC$)，可以將(3-3)式改寫成(3-4)式所示：

$$\frac{v_o(s)}{v_i(s)} \approx -\frac{\dfrac{1}{RC}}{s} \tag{3-4}$$

即修正後的積分器在頻率 $f >> 1/2\pi R_fC$ 時，仍可保有原積分器的特性。

(二)反向微分器(inverting differentiator)：

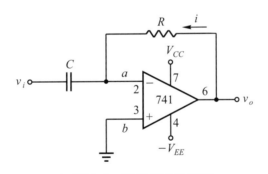

▲ 圖 3-3　反相微分器電路

由圖 3-3 中知反向微分器的電路，其輸出電壓與輸入電壓之關係必須先寫出電流方程式，如(3-5)式所示：

$$i = \frac{v_o}{R} = -C\frac{dv_i}{dt} \tag{3-5}$$

依據(3-5)式可寫出輸出電壓方程式，如(3-6)式所示：

$$v_o = -RC\frac{dv_i}{dt} \tag{3-6}$$

即輸出電壓 v_o 爲輸入電壓 v_i 之微分，且增益爲 RC，但相位相反。

若輸入電壓 $v_i=a_m\sin(\omega t)$ 經過微分器後輸出電壓爲

$$v_o = -RC\omega a_m \cos\omega t$$

此輸出的振幅爲 $RC\omega a_m$，故輸入訊號 v_i 的角頻率不可太高，以避免輸出飽和 (saturation)發生，同時由於微分器的自然特性，使其成爲"雜訊放大器"，這是因爲每當輸入 v_i 有急遽的變化時(或有雜訊加入時)，就會在輸出端產生突波，由於這個因素以及穩定性的問題，在實際電路中均避免使用"眞正的"微分器電路，通常會在電容上串聯一小電阻 R_C，如圖 3-4 所示，以限制高頻時的電壓增益，但不幸的是這樣的修改會使得原電路變成非理想微分器。同時爲減少高頻雜訊的干擾，我們也會在微分器迴授電阻 R 上並聯一小電容 C_C(約 1pF)。其修正後的反向微分器電路，如圖 3-4 所示：

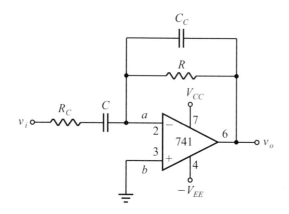

▲ 圖 3-4　修正的微分器電路

此修正後的反向微分器電路工作頻率 f 的限制範圍，如(3-7)式所示：

$$f < \frac{1}{2\pi R_C C} \tag{3-7}$$

若輸入訊號的最高工作頻率爲 f^*，則串聯電阻 $R_C < 1/2\pi f^* C$。此修正後的反向微分器的轉移函數(不考慮 C_C 的影響下，因爲 C_C 非常小)，如(3-8)式所示：

$$\frac{v_o(s)}{v_i(s)} \approx \frac{-\dfrac{R}{R_C}s}{s+\dfrac{1}{R_C C}} \tag{3-8}$$

若輸入訊號的角頻率 $\omega \ll 1/R_C C$ 時($s=j\omega$)(或頻率 $f \ll 1/2\pi R_C C$)，可以將(3-8)式改寫成(3-9)式所示：

$$\frac{v_o(s)}{v_i(s)} \approx \frac{-\dfrac{R}{R_C}s}{\dfrac{1}{R_C C}} = -RCs \tag{3-9}$$

即修正後的微分器在頻率 $f \ll 1/2\pi R_C C$ 時，仍保有原微分器的特性。

三、實習步驟：

(一)實驗設備：

1. 電源供應器　　×1
2. 訊號產生器(FG) ×1
3. 示波器　　　　×1
4. 三用電表　　　×1
5. 麵包板　　　　×1

(二)實驗材料：

電阻	100Ω×1, 1kΩ×2, 10kΩ×2, 100kΩ×1, 1MΩ×1
電容	1pF×1, 0.01μF×1, 0.1μF×1
IC	μA741×1

(三)實驗項目：

1. 反向積分器(inverting integrator)實驗，電路接線如圖 3-2，其中 $R_f = 1\text{M}\Omega$，$R = 10\text{k}\Omega$、$C = 0.1\mu\text{F}$、$V_{CC} = V_{EE} = 15\text{V}$，訊號產生器輸出 $v_S = v_i$ 為 $V_{pp} = 10\text{V}$ 之 1kHz 正弦波(要先將輸入訊號的 DC offset 調為零)，觀察且分析此積分電路的功能，並將輸入 v_i 和輸出 v_o 的波形繪於下圖(可用不同顏色標示)：

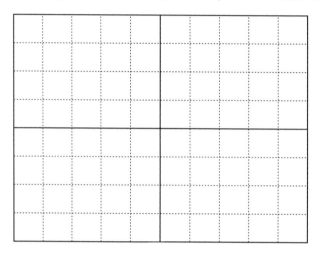

將訊號產生器輸出改為 $V_{pp} = 10\text{V}$ 之 100Hz 正弦波，觀察低頻時、積分電路的特性，並將輸入 v_i 和輸出 v_o 的波形繪於下圖：

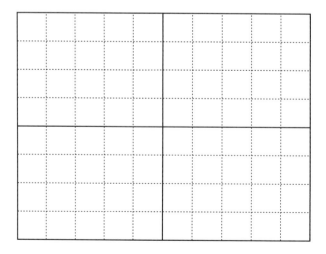

將訊號產生器輸出改為 $V_{pp}=10V$ 之 1kHz 方波，將輸入 v_i 和輸出 v_o 的波形繪

於下圖：

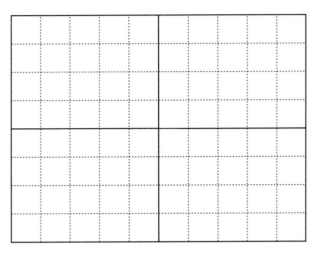

將訊號產生器輸出改為 $V_{pp}=10V$ 之 1kHz 三角波，將輸入 v_i 和輸出 v_o 的波形

繪於下圖：

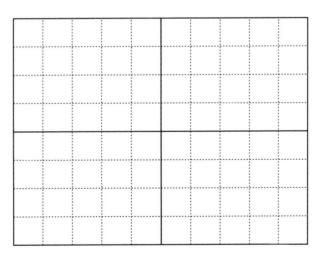

2. 反向微分器(inverting differentiator)實驗，電路接線如圖 3-4，其中 $R = 10\text{k}\Omega$、$R_C = 100\Omega$、$C = 0.01\mu\text{F}$、$C_C = 1\text{pF}$、$V_{CC} = V_{EE} = 15\text{V}$，訊號產生器的輸出 $v_S = v_i$ 為 $V_{pp} = 2\text{V}$ 之 200Hz 正弦波，觀察且分析此微分電路的功能，並將輸入 v_i 和輸出 v_o 的波形繪於下圖：

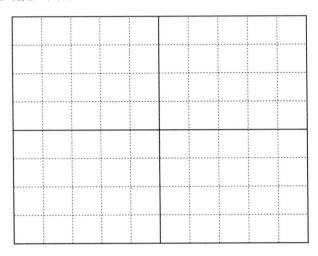

將訊號產生器輸出改為 $V_{pp} = 2\text{V}$ 之 1kHz 正弦波，觀察高頻時微分電路的特性，並將輸入 v_i 和輸出 v_o 的波形繪於下圖：

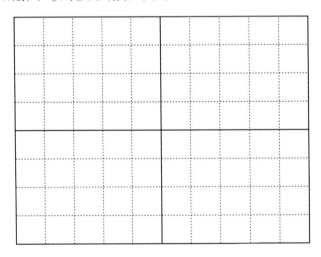

將訊號產生器輸出改為 $V_{pp} = 2V$ 之 200Hz 方波，並將輸入 v_i 和輸出 v_o 的波形

繪於下圖：

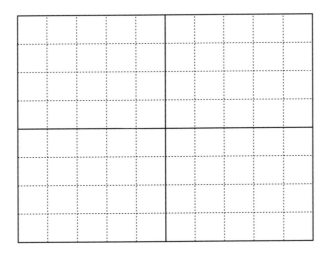

四、電路模擬：

(一)反向積分器，Pspice 模擬電路圖如下：

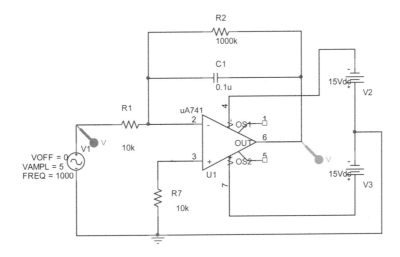

反向積分器，輸入、輸出電壓波形如下：

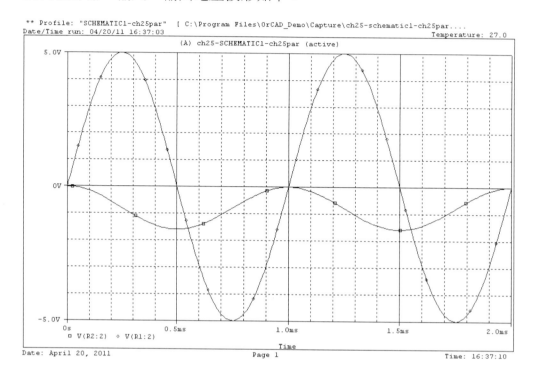

(二)反向微分器，Pspice 模擬電路圖如下：

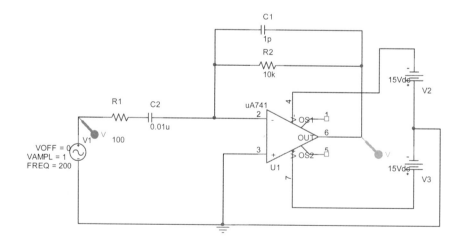

反向微分器，輸入、輸出電壓波形如下：

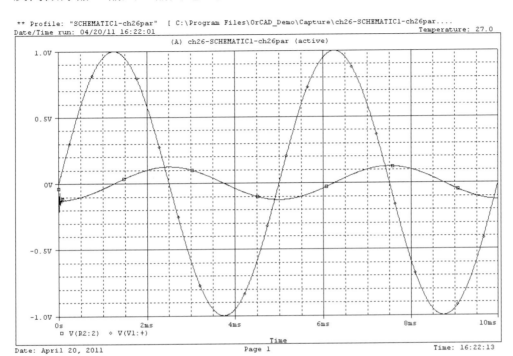

五、問題與討論：

1. 討論積分電路中，R 與 C 值(例如：令 $R = 100\text{k}\Omega$ 、 $C = 0.01\mu\text{F}$)對積分電路的影響。

2. 討論微分電路中，R 與 C 值(例如：令 $R = 1\text{k}\Omega$ 、 $C = 0.1\mu\text{F}$)對微分電路的影響。

3. 討論積分電路的限制。

4. 討論積分飽和問題。

5. 討論微分電路的限制。

6. 討論 noise 對微分電路的影響。

實習 四

運算放大器之儀表放大器(Instrumentation Amplifier)電路實驗

一、實習目的：

了解如何使用 OP AMP 來做儀表放大器(instrumentation amplifier)電路。

二、實習原理：

所謂儀器用放大器，就是一種平衡輸入型差動放大器(differential amplifier)，其特徵為共模拒斥比(CMRR)很大，藉以消除外部雜訊之干擾。在電子儀表中為了將量測出來的訊號放大，以顯示在螢幕或顯示器上，常使用到儀表放大器電路，如圖 4-1 所示：

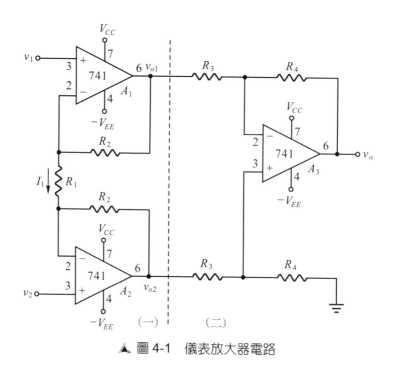

▲ 圖 4-1　儀表放大器電路

在圖 4-1 中，第一級差動放大電路 A_1 與 A_2 是為了提高第二級減法器的輸入電阻值而設計的電路。

在第一級 A_1 與 A_2 的輸入電阻，如(4-1)、(4-2)所示：

$$R_{i,A1} = \infty \tag{4-1}$$

$$R_{i,A2} = \infty \tag{4-2}$$

在第一級 A_1 與 A_2 之間，流經電阻 R_1 的電流 I_1，如(4-3)所示：

$$I_1 = \frac{v_1 - v_2}{R_1} \tag{4-3}$$

在第一級 A_1 與 A_2 間輸出電壓差，如(4-4)所示：

$$v_{o1} - v_{o2} = I_1(R_1 + 2R_2) \tag{4-4}$$

在第二級的兩個輸入端電阻，如(4-5)、(4-6)所示：

$$R_{i,A3-} = R_3 + R_4 \tag{4-5}$$

$$R_{i,A3+} = R_3 + R_4 \tag{4-6}$$

在第二級的正輸入端 v_+ 之電壓，如(4-7)所示：

$$v_+ = \frac{R_4}{R_3 + R_4} v_{o2} \tag{4-7}$$

在第二級的輸出電壓 v_o，如(4-8)所示：

$$v_o = -\frac{R_4}{R_3} v_{o1} + (1 + \frac{R_4}{R_3}) v_+ \tag{4-8}$$

將(4-7)代入(4-8)式，可得到輸出電壓 v_o，如(4-9)式所示：

$$v_o = \frac{R_4}{R_3} (v_{o2} - v_{o1}) \tag{4-9}$$

將(4-3)、(4-4)代入(4-9)式，可得到輸出電壓 v_o，如(4-10)式所示：

$$v_o = -\frac{R_4}{R_3} (1 + \frac{2R_2}{R_1})(v_1 - v_2) = A(v_1 - v_2) \tag{4-10}$$

三、實習步驟：

(一)實驗設備：

1. 電源供應器　　　×1
2. 訊號產生器(FG) ×1
3. 示波器　　　　　×1
4. 三用電表　　　　×1
5. 麵包板　　　　　×1

(二)實驗材料：

電阻	10kΩ×5, 20kΩ×1
IC	μA741×3

(三)實驗項目：

1. 儀表放大器電路實驗，電路接線如圖 4-1，其中 $R_1 = 10k\Omega$ 、 $R_2 = 10k\Omega$ 、 $R_3 = 10k\Omega$ 、 $R_4 = 20k\Omega$ 、 $V_{CC} = V_{EE} = 15V$ ，v_1 為 $V_{pp} = 1V$ 之 1kHz 正弦波，v_2 為 $V_{pp} = 0.5V$ 之 1kHz 正弦波(想想看、如何利用一台訊號產生器產生 v_1 和 v_2)，並將輸入 v_1 和 v_2 及輸出 v_o 的波形繪於下圖：

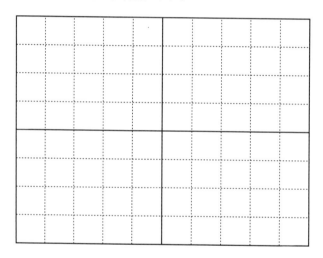

將輸入訊號 v_1 和 v_2 的頻率逐漸增高(10kHz、50kHz、100kHz、etc.)，觀察輸出 v_o 的波形有何變化？此儀表放大器的放大倍率有何變化？

f(Hz)	100	1 k	10 k	50 k	100 k
$|A|$					
A (dB)					

依上表實驗所得之數據做 A(dB)對 f 之頻率響應圖，繪於下圖。

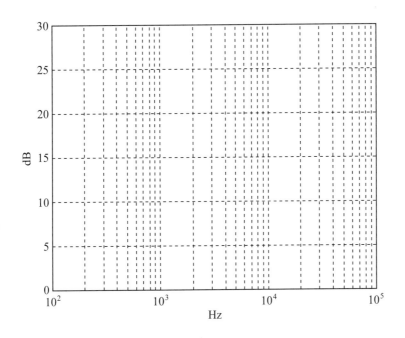

四、電路模擬：

儀表放大器，Pspice 模擬電路圖如下：

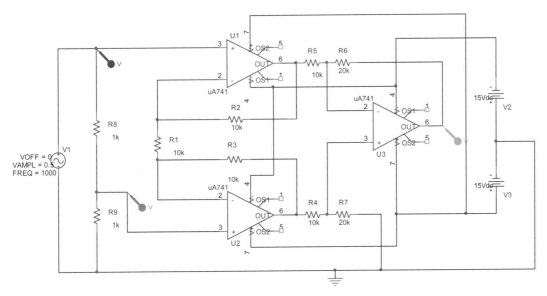

儀表放大器之輸入、輸出電壓波形如下：

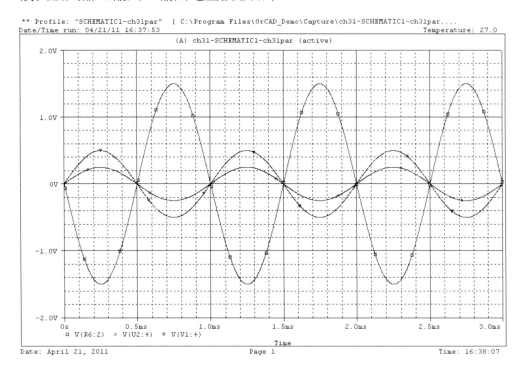

五、問題與討論：

1. 從上面儀表放大器的理論分析知 $v_o = A(v_{o1} - v_{o2})$，其中 A 為放大倍率，比較實驗值與理論值是否一致呢？

2. 試分析不同電阻(例如使用($R_1 = 1\text{k}\Omega$ 、 $R_2 = 1\text{k}\Omega$ 、 $R_3 = 1\text{k}\Omega$ 、 $R_4 = 2\text{k}\Omega$)或使用($R_1 = 100\text{k}\Omega$ 、 $R_2 = 100\text{k}\Omega$ 、 $R_3 = 100\text{k}\Omega$ 、 $R_4 = 200\text{k}\Omega$))，對儀表放大器的影響。對於儀表放大器而言，用那一組電阻值比較好呢？為什麼？

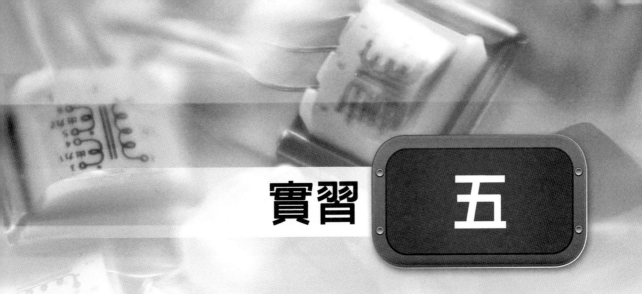

實習 五

運算放大器之比較器(Comparator)實驗

一、實習目的：

了解如何利用 OP AMP 來設計比較器(comparator)電路原理及各類型比較器。

二、實習原理：

OP AMP 除了當放大器使用，另一應用為當比較器使用；有開迴路型的比較器(又有低功率比較器與高速差動比較器之分)，也有閉迴路型的比較器(磁滯比較器)。

(一)反向比較器(inverting comparator)：

反向比較器電路如圖 5-1 所示，由於 OP AMP 具有非常高的開路增益 A；因此輸出電壓方程式，如(5-1)式所示：

$$v_o = A(v_r - v_i) \qquad\qquad (5\text{-}1)$$

當輸入電壓 $v_i > v_r$(某參考電壓)時，輸出電壓 v_o 為負的飽和電壓值(即 $v_o = -V_{\text{sat}}$)，反之當 $v_i < v_r$ 時，輸出電壓 v_o 為正的飽和電壓值(即 $v_o = +V_{\text{sat}}$)。

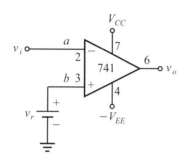

▲ 圖 5-1　反向比較器電路圖

(二)非反向比較器(non-inverting comparator)：

非反向比較器電路如圖 5-2 所示，其輸出電壓方程式如(5-2)式所示：

$$v_o = A(v_i - v_r) \tag{5-2}$$

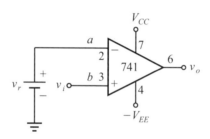

▲ 圖 5-2　非反向比較器電路圖

當 $v_i > v_r$ 時，輸出電壓 v_o 為正的飽和電壓值(即 $v_o = +V_{sat}$)，反之當 $v_i < v_r$ 時，輸出電壓 v_o 為負的飽和電壓值(即 $v_o = -V_{sat}$)。

(三)磁滯比較器(hysteresis comparator)(或稱為史密特觸發電路 (Schmitt trigger CKT))：

磁滯比較器和一般比較器不同，此電路的轉換特性曲線具有磁滯(hysteresis or backlash)現象，因此具有記憶的功能。由於磁滯比較器的輸出有兩個穩定狀態、為正或負飽和電壓，且電路的輸出可以維持在任一個穩定狀態，因此又稱為雙穩態(bistable)電路。此電路的輸出準位必須由輸入訊號與當時電路的狀態共同決定，因此又稱為具有記憶的電路。以下我們就來探討兩種不同組態之磁滯比較器電路。

1. 反相輸入磁滯比較器(inverting hysteresis comparator)電路：

圖 5-3 為一基本之反相輸入磁滯比較器電路：

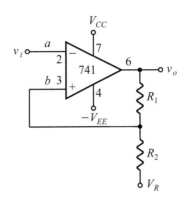

▲ 圖 5-3　反相輸入磁滯比較器電路

先定義反相輸入磁滯比較器中心點電壓 V_c

$$V_c = \frac{R_1}{R_1 + R_2} V_R$$

其中 V_R 為參考電壓。假如 $v_o = V_{sat}$(正飽和電壓)時，則利用重疊定理可得

$$v_b = \frac{R_2}{R_1 + R_2} V_{sat} + V_c = V_{TH} \qquad (5\text{-}3)$$

同理，如果 $v_o = -V_{sat}$(負飽和電壓)時，則利用重疊定理可得

$$v_b = \frac{-R_2}{R_1 + R_2} V_{sat} + V_c = V_{TL} \qquad (5\text{-}4)$$

假設一開始，OP AMP 的輸出電壓 $v_o = V_{sat}$，則 $v_b = V_{TH}$。

(1) 若輸入電壓 $v_i < V_{TH}$ 時，則輸出電壓一直維持在 $v_o = V_{sat}$。

(2) 如果輸入電壓漸增至 $v_i > V_{TH}$ 時，則輸出電壓變為 $v_o = -V_{sat}$，且 $v_b = V_{TL}$。

(3) 此時若降低輸入電壓，使 $V_{TL} < v_i < V_{TH}$，則輸出電壓仍維持負飽和電壓(即 $v_o = -V_{sat}$)，一直降到 $v_i < V_{TL}$ 時，輸出電壓才會變為正飽和電壓(即 $v_o = V_{sat}$)，且 $v_b = V_{TH}$。

(4) 此時若再增加輸入電壓，使 $V_{TL}<v_i<V_{TH}$，則輸出電壓仍為正飽和電壓(即 $v_o=V_{sat}$)。

(5) 一直增加到 $v_i>V_{TH}$，輸出電壓才會變為負飽和電壓(即 $v_o=-V_{sat}$)，且 $v_b=V_{TL}$。

若一開始，OP AMP 的輸出電壓 $v_o=-V_{sat}$，則 $v_b=V_{TL}$。

(1) 若輸入電壓 $v_i>V_{TL}$ 時，則輸出電壓一直維持在 $v_o=-V_{sat}$。

(2) 如果輸入電壓漸減至 $v_i<V_{TL}$ 時，則輸出電壓變為 $v_o=V_{sat}$，且 $v_b=V_{TH}$。

(3) 此時若增加輸入電壓，使 $V_{TL}<v_i<V_{TH}$，則輸出電壓仍維持正飽和電壓(即 $v_o=V_{sat}$)，一直增加到 $v_i>V_{TH}$ 時，輸出電壓才會變為負飽和電壓(即 $v_o=-V_{sat}$)，且 $v_b=V_{TL}$。

(4) 此時若降低輸入電壓，使 $V_{TL}<v_i<V_{TH}$，則輸出電壓仍為負飽和電壓(即 $v_o=-V_{sat}$)。

(5) 一直降到 $v_i<V_{TL}$，輸出電壓才會變為正飽和電壓(即 $v_o=V_{sat}$)，且 $v_b=V_{TH}$。

綜合以上敘述，可知圖 5-3 的轉換特性曲線如圖 5-4 所示(當參考電壓 $V_R=0V$ 時、則中心點電壓 $V_c=0V$，此時磁滯比較器的轉換特性曲線對稱於原點)。

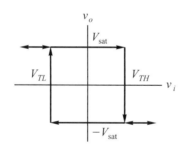

▲ 圖 5-4　反相輸入磁滯比較器電路特性曲線圖

由圖 5-4 可得到反相輸入磁滯比較器磁滯電壓(寬度)V_H(hysteresis)。

$$V_H = V_{TH} - V_{TL} = \frac{2R_2}{R_1 + R_2} V_{sat} \tag{5-5}$$

2. 非反相輸入磁滯比較器(non-inverting hysteresis comparator)電路：

圖 5-5 為一基本之非反相輸入磁滯比較器電路。如果一開始輸出電壓為正飽和電壓(即 $v_o=V_{sat}$)，則利用重疊定理可得

$$v_b = \frac{R_1}{R_1 + R_2} v_i + \frac{R_2}{R_1 + R_2} V_{sat} \tag{5-6}$$

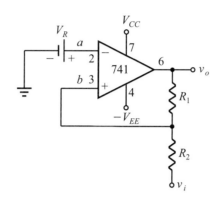

▲ 圖 5-5　非反相輸入磁滯比較器電路

(1)當 $v_b > V_R$ 時，v_o 仍為 V_{sat}，此時由(5-6)式整理後可得

$$v_i > \frac{R_1 + R_2}{R_1} V_R - \frac{R_2}{R_1} V_{sat} \tag{5-7}$$

我們令

$$V_{TL} = \frac{R_1 + R_2}{R_1} V_R - \frac{R_2}{R_1} V_{sat} \tag{5-8}$$

(2)　如果輸入電壓一直保持 $v_i > V_{TL}$，則輸出電壓一直保持 $v_o = V_{sat}$。

(3)　此時若降低輸入電壓至 $v_i < V_{TL}$，造成 $v_b < V_R$，則輸出電壓 v_o 變為負飽和電壓(即 $v_o = -V_{sat}$)。此時之 v_b，利用重疊定理可得

$$v_b = \frac{R_1}{R_1 + R_2} v_i - \frac{R_2}{R_1 + R_2} V_{sat} \tag{5-9}$$

(4)　如果輸入電壓一直保持 $v_i < V_{TL}$，則輸出電壓一直保持負飽和電壓(即 $v_o = -V_{sat}$)。

(5)　此時若增加輸入電壓在 $V_{TL} < v_i < V_{TH}$ 的範圍(V_{TH} 在下面定義)，則輸出電壓仍保持負飽和電壓(即 $v_o = -V_{sat}$)。

(6)　此時若增加輸入電壓 v_i，使 $v_b > V_R$ 時，則根據(5-9)式可以得到

$$v_i > \frac{R_1+R_2}{R_1}V_R + \frac{R_2}{R_1}V_{\text{sat}} \tag{5-10}$$

我們令

$$V_{TH} = \frac{R_1+R_2}{R_1}V_R + \frac{R_2}{R_1}V_{\text{sat}} \tag{5-11}$$

也就是說當輸入電壓 $v_i>V_{TH}$ 時，輸出電壓 v_o 又回到正飽和電壓(即 $v_o=V_{\text{sat}}$)。非反相輸入磁滯比較器之中心點電壓 V_c 定義為

$$V_c = \frac{R_1+R_2}{R_1}V_R$$

其中 V_R 為參考電壓。根據以上分析，我們可將圖 5-5 電路的轉換特性曲線圖畫成如圖 5-6 所示(當參考電壓 V_R=0V 時，則中心點電壓 V_c=0V，此時磁滯比較器的轉換特性曲線對稱於原點)。

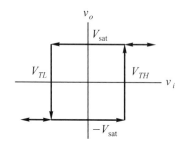

▲ 圖 5-6　非反相輸入磁滯比較器電路特性曲線圖

利用圖 5-6 及(5-8)式和(5-11)式，可得非反相輸入磁滯比較器磁滯電壓(寬度)V_H(hysteresis)

$$V_H = V_{TH} - V_{TL} = \frac{2R_2}{R_1}V_{\text{sat}} \tag{5-12}$$

由圖 5-6 知此非反相輸入磁滯比較器電路和圖 5-4 之反相輸入磁滯比較器電路一樣，在 $V_{TL}<v_i<V_{TH}$ 的輸入範圍內具有記憶原電路輸出電壓的功能。根據(5-12)式，適當地調整 R_1 和 R_2，即可改變磁滯電壓的大小。

註 磁滯比較器常被用於 PWM 變頻器(pulse width modulation inverter)之電流追蹤控制(電路方塊圖，如圖 5-7 所示)或電壓追蹤控制，以減少功率電晶體之切換(switching)次數。此功率電晶體之切換次數，可由磁滯電壓(寬度)V_H(hysteresis)控制，磁滯電壓(寬度)V_H 越寬，則功率電晶體切換次數越少，切換次數越少，則功率電晶體之切換損失(switching loss)越少、但輸出的電流或電壓漣波(ripple)越大。

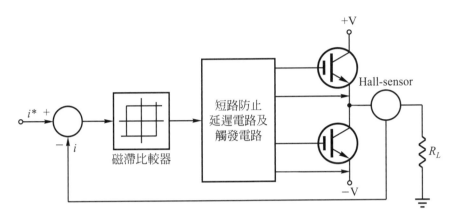

▲ 圖 5-7　電流追蹤控制電路圖

註 霍耳感測器(Hall-sensor)為電流感測器。

三、實習步驟：

(一)實驗設備：

1. 電源供應器　　×1
2. 訊號產生器(FG) ×1
3. 示波器　　　　×1
4. 三用電表　　　×1
5. 麵包板　　　　×1

(二)實驗材料：

電阻	1kΩ×1, 10kΩ×1
可變電阻	10kΩ×1
IC	μA741×1

(三)實驗項目：

1. 反向比較器(inverting comparator)實驗，電路接線如圖 5-1，其中 $v_\gamma = 5V$ (DC)、$V_{CC} = V_{EE} = 15V$，v_i 為 $V_{pp} = 20V$ 之 1kHz 正弦波，並將輸入 v_i 及輸出 v_o 的波形繪於下圖：

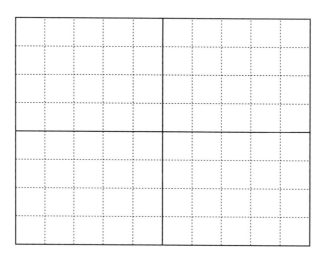

2. 反相輸入磁滯比較器(inverting hysteresis comparator)實驗，電路接線如圖 5-3，其中 $R_1 = 10k\Omega$、$R_2 = 1k\Omega$、$V_R = 5V$(DC)、$V_{CC} = V_{EE} = 15V$，v_i 為 $V_{PP} = 20V$ 之 200Hz 三角波，並利用示波器 X-Y mode (DC coupling)，將輸入 v_i(CH1)和及輸出 v_o(CH2)的特性曲線繪於下圖：

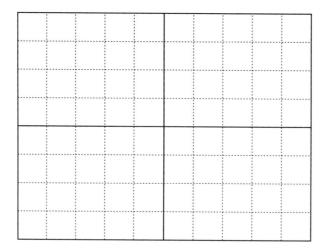

　　若 $V_R = 0\text{V (DC)}$，v_i 為 $V_{pp} = 20\text{V}$ 之 200Hz 三角波，並利用示波器 X-Y mode (DC coupling)，將輸入 v_i 和輸出 v_o 的特性曲線繪於下圖：

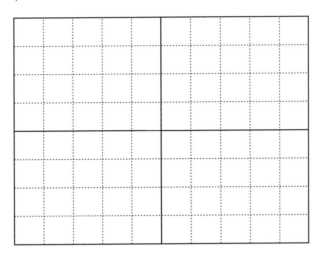

　　若 $V_R = -5\text{V (DC)}$(想想看，電路該如何接線呢？Hint：可利用可變電阻及電壓隨耦器(voltage follower))，v_i 為 $V_{pp} = 20\text{V}$ 之 200Hz 三角波，並利用示波器 X-Y mode (DC coupling)，將輸入 v_i 和輸出 v_o 的特性曲線繪於下圖：

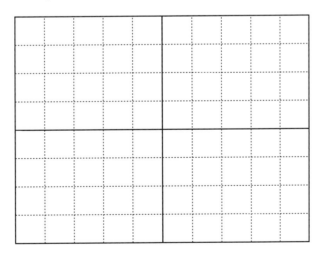

四、電路模擬:

反相輸入磁滯比較器 Pspice 模擬電路圖如下:

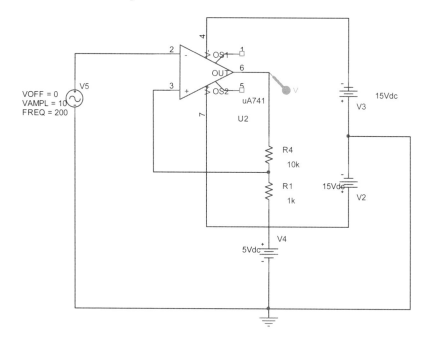

反相輸入磁滯比較器中 v_o 對 v_i 之轉移曲線圖如下:

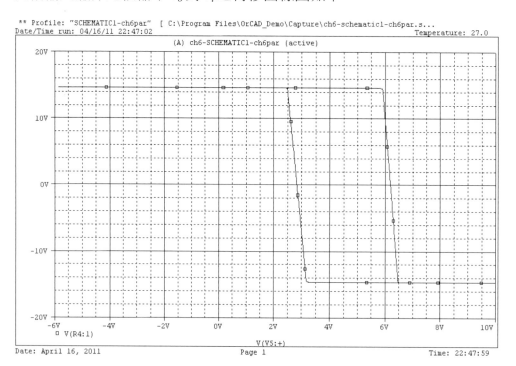

五、問題與討論：

1. 上面反相比較器實驗中，輸入訊號的頻率有限制嗎？可逐漸增加輸入訊號的頻率，然後觀察輸出波形。

2. 上面反相輸入磁滯比較器(inverting hysteresis comparator)實驗中，磁滯寬度的實驗值與理論值是否一致呢？

3. 反相輸入磁滯比較器和非反相輸入磁滯比較器有何差別呢？那一種比較常被使用呢？

4. 磁滯比較器應用於何種電路呢？

實習 六

運算放大器之精密(Precision)整流(Rectifier)電路實驗

一、實習目的：

了解如何使用 OP AMP 將輸入交流訊號做精密整流電路。

二、實習原理：

在一般整流電路中，導通時輸出電壓都會比輸入電壓少掉一或二個二極體的順向導通電位降(約 0.7V)，當輸入訊號很小時就無法有很好的整流波形。這個實驗裡，利用 OP AMP 來設計半波整流電路與全波整流電路，這種整流電路的特性是在輸入訊號比 0.7V 小時、也可以有很好的整流波形之精密整流電路。

(一)OP AMP 之精密半波整流電路：

OP AMP 之精密半波整流電路，如圖 6-1 所示：

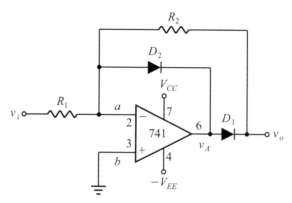

▲ 圖 6-1　OP AMP 之精密半波整流電路

1. 當輸入訊號 v_i 為正值，使得 OP AMP 輸出電壓 v_A 為負值，因此二極體 D_2 導通，並使二極體 D_1 不導通，而流入迴授電阻 R_2 的電流將為零，由於 OP AMP 的反相輸入端為虛接地，於是整流器的輸出電壓 v_o 將是零。

$$v_o = 0 \ , \ v_i \geq 0 \tag{6-1}$$

2. 當輸入訊號 v_i 變成負值，致使 OP AMP 的輸出 v_A 電壓變成正值，這將使 D_2 逆向偏壓而截止(不導通)。不過二極體 D_1 將透過 R_2 而導通，於是建立起環繞 OP AMP 的負迴授路徑，並迫使反向輸入端為虛接地。由於流經迴授電阻 R_2 的電流等於流經輸入電阻 R_1 的電流，輸出訊號 v_o 為

$$v_o = -\frac{R_2}{R_1}v_i \ , \ v_i \leq 0 \tag{6-2}$$

因此當 $R_1 = R_2$，輸出訊號 v_o 為

$$v_o = -v_i \ , \ v_i \leq 0 \tag{6-3}$$

　　此半波整流電路的轉換特性如圖 6-2 所示，注意此電路可藉由選擇適當的 R_1 與 R_2 值，使得電路轉換特性的斜率成為所希望的設定值。正如前述說明，此電路的主要優點是環繞 OP AMP 的電路在任何時間均有一個二極體導通(即任何時間均為閉迴路的形式)，因此 OP AMP 操作在線性區，避免了飽和的可能性。

註　當 OP AMP 輸出電壓 v_A 變成負值時，二極體 D_2 導通，此時二極體 D_2"捕捉"(catching)輸出電壓 v_A、導致輸出電壓 $v_A = -0.7\text{V}$(即輸出電壓 v_A 被箝位(clamp)至低於"地電位"一個二極體壓降(約 0.7V)的電位)；因此二極體 D_2 被稱為"捕捉二極體"(catching diode)。

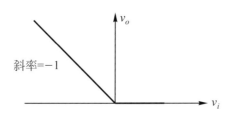

斜率=−1

▲ 圖 6-2　OP AMP 之精密半波整流轉換特性曲線(當 $R_1=R_2$)

(二)OP AMP 之精密全波整流：

OP AMP 之精密全波整流電路如圖 6-3 所示：

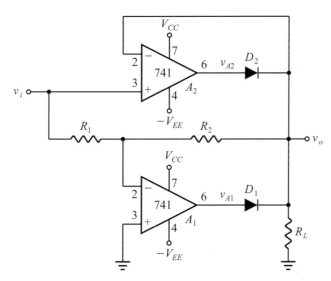

▲ 圖 6-3　OP AMP 之精密全波整流電路

1. 為了瞭解圖 6-3 是如何運作，首先考慮輸入訊號 v_i 為正的情況，當輸入訊號 v_i 為正時，OP AMP A_2 的輸出電壓 v_{A2} 將變成正值，使得 D_2 透過 R_L 導通，於 是 A_2 的迴授電路形成閉迴路，於是在 A_2 的兩輸入端之間建立一個虛短路，因 此輸出電壓 v_o 等於輸入電壓 v_i，即

$$v_o = v_i \tag{6-4}$$

也因此沒有電流流經 R_1 與 R_2，而 A_1 的反相輸入端的電壓等於輸入電壓 v_i、且 是正值。於是 A_1 的輸出端 v_{A1} 將趨向負值，直到 A_1 的輸出端 v_{A1} 處於負飽和狀態， 致使 D_1 不導通。

2. 接著考慮輸入訊號 v_i 趨向負值的情況，由於 A_1 之負輸入端為負電壓趨向，致使 A_1 輸出端 v_{A1} 電壓上升，使 D_1 導通，提供電流供應 R_L，並造成環繞 A_1 的迴授電路形成閉迴路。於是在 A_1 的負輸入端出現一個虛接地，迫使輸出電壓 v_o 等於

$$v_o = -\frac{R_2}{R_1}v_i \qquad\qquad\qquad (6\text{-}5)$$

若 $R_1=R_2$，則

$$v_o = -v_i \qquad\qquad\qquad (6\text{-}6)$$

因此輸出電壓 v_o 為正。結合輸出電壓 v_o 的正電壓與輸入電壓 v_i 的負電壓的影響，致使 A_2 的輸出端 v_{A2} 處於負飽和狀態，因此 D_2 不導通。

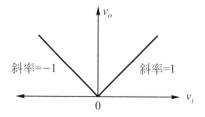

▲ 圖 6-4　OP AMP 之精密全波整流轉換特性曲線(當 $R_1=R_2$)

綜合上述分析的結果，說明此電路可達成完美的全波整流，如圖 6-4 中的轉換特性曲線所示。此精密全波整流電路確實是因為將二極體置於 OP AMP 的迴授電路中，以消除二極體的非理想特性所獲致的結果。同樣地，此電路的主要優點是環繞 OP AMP 的電路在任何時間均有一個二極體導通(即任何時間均為閉迴路的形式)，因此 OP AMP 操作在線性區。此電路是眾多可能的精密全波整流器(或稱為絕對值電路(absolute value circuits))之一。

三、實習步驟：

(一)實驗設備：

1. 電源供應器 ×1
2. 訊號產生器(FG) ×1
3. 示波器 ×1
4. 三用電表 ×1
5. 麵包板 ×1

(二)實驗材料：

電阻	1kΩ×3
二極體	1N4001×2
IC	μA741×2

(三)實驗項目：

以下實驗所有電阻均為 $1k\Omega$，$V_{CC} = V_{EE} = 15V$。

1. OP AMP 之精密半波整流電路實驗，電路接線如圖 6-1，v_i 為 $V_{pp} = 20V$ 之 200Hz 正弦波，將輸入 v_i 和輸出 v_o 的波形繪於下圖：

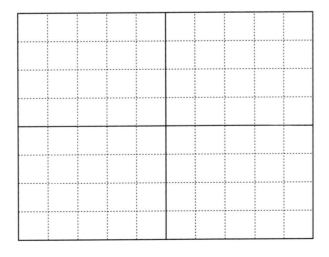

利用示波器 X-Y mode(DC coupling)，將輸入 v_i (CH1)和輸出 v_o(CH2)的特性曲線繪於下圖：

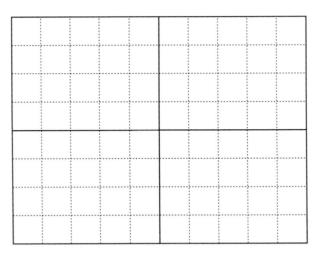

2. OP AMP 之精密全波整流電路實驗，電路接線如圖 6-3，v_i 為 $V_{pp} = 20V$ 之 200Hz 正弦波，將輸入 v_i 和輸出 v_o 的波形繪於下圖：

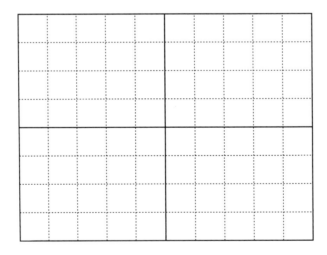

利用示波器 X-Y mode (DC coupling)，將輸入 v_i (CH1)和輸出 v_o(CH2)的特性曲線繪於下圖：

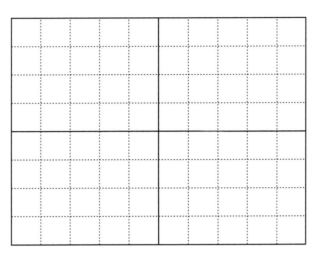

四、電路模擬：

(一)精密半波整流之 Pspice 模擬電路圖如下：

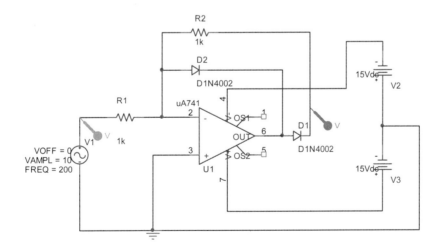

1. 精密半波整流之輸入、輸出電壓波形如下：

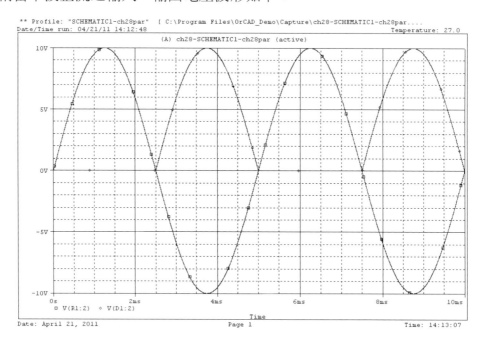

2. 精密半波整流之轉移曲線圖如下：

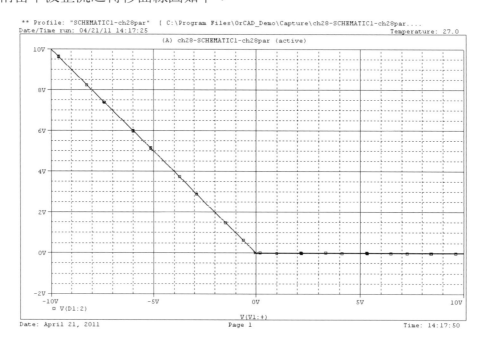

(二)精密全波整流之 Pspice 模擬電路圖如下：

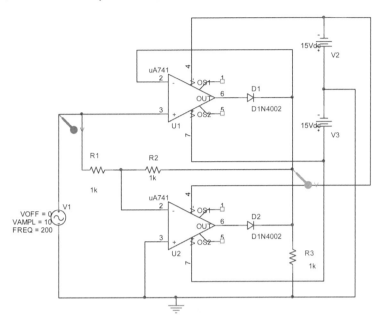

1. 精密全波整流之輸入、輸出電壓波形如下：

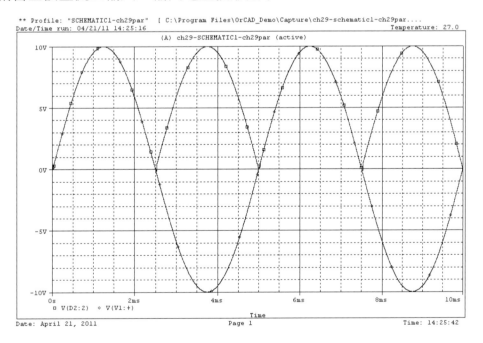

2. 精密全波整流之轉移曲線圖如下：

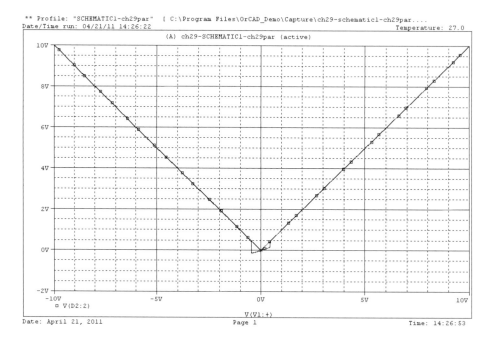

五、問題與討論：

1. 精密整流電路與一般整流電路有何差別呢？應用的場合有何不同呢？

2. 精密整流電路，通常會在什麼電路中用到呢？

實習 七

穩壓(Voltage Regulator)電路實驗

一、實習目的：

了解穩壓電路的原理。

二、實習原理：

工業產品中常需穩定的電壓源以供應負載所需，在本實驗中介紹幾種常用的穩壓電路。

(一)穩壓 IC：

市面上有許多不同種類的穩壓 IC(又稱三端式電壓調整器)，常用的穩壓 IC 有正輸出電壓的 78XX 系列及負輸出電壓的 79XX 系列，其中 XX 代表輸出電壓(有 05、06、08、09、12、15、18 及 24 等不同的型號供選擇)，輸出的電流額定也有 0.5A、1A 及 5A 等供選擇。常見的包裝有 TO-220(低輸出電流包裝，如圖 7-1 所示)及包裝為 TO-3(高輸出電流包裝，如圖 7-2 所示)。

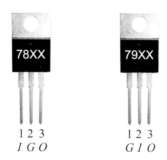

▲ 圖 7-1　78XX 與 79XX 系列 TO-220 包裝及接腳圖

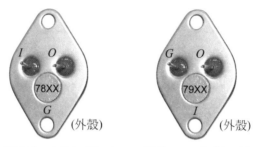

▲ 圖 7-2　78XX 與 79XX 系列 TO-3 包裝及接腳圖

註) I 為輸入端(Input)，G 為接地端(Gnd)，O 為輸出端(Output)。

註) 穩壓 IC 有散熱的問題，熱會造成熱崩潰(thermal breakdown)或產生熱雜訊(thermal noise)，因此穩壓 IC 需加裝散熱片(愈大愈好，但還是要有成本及體積大小的考量)以幫助穩壓 IC 散熱，在適當散熱片的協助下、穩壓 IC 才能達到額定的輸出，如何有效地散熱是一門專門的課題。

在穩壓電路中需將交流電轉成直流電，常使用橋式整流電路如圖 7-3 所示：

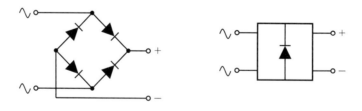

▲ 圖 7-3　橋式整流電路圖與其等效示意圖

單極性電壓時，78XX 系列穩壓 IC 的接線圖十分簡單，如圖 7-4 與所示：

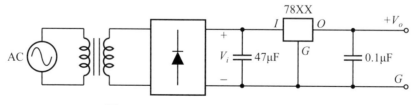

▲ 圖 7-4　78XX 系列的穩壓 IC 的接線圖

單極性電壓時，79XX 系列穩壓 IC 的接線圖，如圖 7-5 與所示：

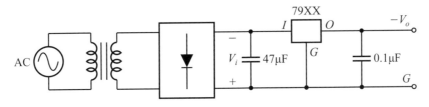

▲ 圖 7-5　79XX 系列的穩壓 IC 的接線圖

　　輸入電壓 V_i 絕對值至少要比額定輸出電壓絕對值高出 2V 以上，才能維持穩定的輸出電壓，此系列穩定器內即有過熱及過電流保護電路；通常會結合散熱片的使用以避免過熱。輸入端並聯一個大的電解電容(有極性)，以獲得良好的直流輸入電壓(電解電容值越大，濾波效果越好，但花費較貴)，而在輸出端並聯一個小的陶瓷電容(無極性)以改善暫態響應(消除高頻雜訊)。

　　有些直流電源需要正、負雙極性電壓，其電路圖如圖 7-6 所示：

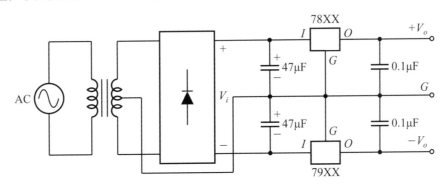

▲ 圖 7-6　雙極性電壓源電路

　　在圖 7-6 中，要注意變壓器需要使用有中間抽頭，而此中間抽頭充當雙極性穩壓系統的接地點(grounding)。

　　我們可利用外加功率電晶體的方式來提高 78XX 和 79XX 系列的輸出電流；圖 7-7 所示為 78XX 系列提高輸出電流之接線圖，MJ2955 為 PNP 型之功率電晶體，電阻 R 用來設定流過穩壓 IC 的電流，若此電阻的壓降小於 0.7V(即 V_{BE} 之導通電壓)時，MJ2955 不導通，此時負載(圖中未繪出)電流全部由穩壓 IC 提供，若電流超過設定值(約 0.7/R)時，MJ2955 開始導通，此時負載電流由穩壓IC78XX 及 MJ2955 共同提供。

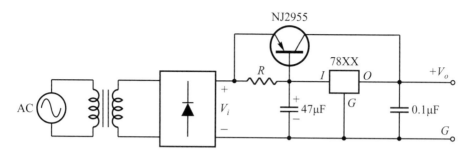

▲ 圖 7-7 78XX 系列的穩壓 IC 提高輸出電流之接線圖

圖 7-8 所示爲 79XX 系列提高輸出電流之接線圖，2N3055 爲 NPN 型之功率電晶體，同樣地電阻 R 用來設定流過穩壓 IC 的電流，若電組的壓降小於 0.7V 時，2N3055 不導通，此時負載電流全部由穩壓 IC 提供，若電流超過設定值(約 $0.7/R$)時，2N3055 開始導通，此時負載電流由穩壓 IC79XX 及 2N3055 共同提供。

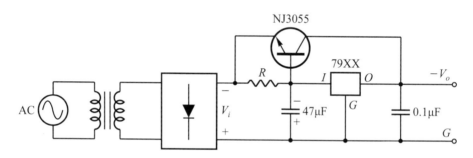

▲ 圖 7-8 79XX 系列的穩壓 IC 提高輸出電流之接線圖

(二)線性電壓調整電路：

利用(負)迴授機制，使輸出電壓維持穩定。一般常用的線性電壓調整電路，可分成二種：

(1) 串聯式電壓調整電路。

(2) 並聯式電壓調整電路。

圖 7-9 爲基本之串聯式電壓調整電路的方塊圖，由於控制元件和輸出負載串聯，因此稱爲串聯式電壓調整電路。

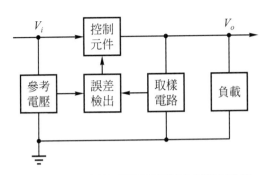

▲ 圖 7-9　串聯式電壓調整電路的方塊圖

上圖中，

(1)　取樣電路用來感測輸出電壓的變化。

(2)　誤差檢出用來比較取樣電壓和參考電壓。

(3)　控制元件根據誤差檢出量調整輸出電壓，使得輸出電壓維持穩定。

圖 7-10 為基本之並聯式電壓調整電路的方塊圖，由於控制元件和輸出負載並聯，因此稱為並聯式電壓調整電路。

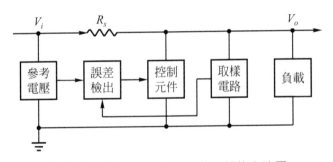

▲ 圖 7-10　並聯式電壓調整電路的方塊圖

圖 7-10 之工作原理和串聯式電壓調整電路類似，由誤差檢出的誤差量來調整控制元件，使得輸出電壓維持穩定。

以下，我們分別探討串聯式與並聯式之運算放大器型電壓調整電路。

1.　串聯式電壓調整電路：

圖 7-11 為運算放大器型式之串聯式電壓調整電路。

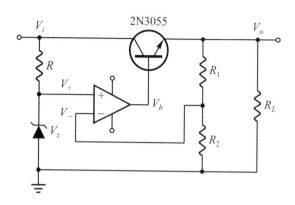

▲ 圖 7-11　串聯式電壓調整電路

　　圖 7-11 中以齊納二極體的崩潰電壓 V_z 為參考電壓，R 為齊納二極體的限流電阻(不可太大，需讓齊納二極體進入崩潰區)，由於電晶體(2N3055)和負載(R_L)串聯，因此稱之為串聯式電壓調整電路，其中

(1)　R_1 和 R_2 構成電壓取樣電路。

(2)　電晶體(2N3055)為控制元件。

(3)　OP AMP 則構成誤差檢出電路。

由圖 7-11 知

$$V_- = \left(\frac{R_2}{R_1 + R_2} \right) V_o$$

或是

$$V_o = \left(1 + \frac{R_1}{R_2} \right) V_-$$

　　由於 $V_+ = V_z$ 為固定的參考電壓，當電路達到穩態時，$V_- = V_+ = V_z$(OP AMP 之輸入兩端虛短路)，所以輸出電壓 V_o 為

$$V_o = \left(1 + \frac{R_1}{R_2} \right) V_- = \left(1 + \frac{R_1}{R_2} \right) V_z \tag{7-1}$$

(1)　當輸入電壓 V_i 減小或 R_L 值變大，使得輸出電壓 V_o 減小時，$V_- = R_2/(R_1 + R_2)V_o$，也會隨著減少。

(2) 由於 $V_+=V_z$ 為固定的參考電壓，因此 V_- 的減少會造成誤差電壓 V_b 增加，而導致輸出電壓 V_o 上升(因為輸出電壓 $V_o=V_{BE}+V_b$)。

(3) 因此可將輸出電壓 V_o 的減少量，逐漸增加直到 $V_-=V_+=V_z$ 為止，輸出電壓 V_o 便回穩至原來的電壓值，如(7-1)式所示。

同理，

(1) 當輸入電壓 V_i 增加或 R_L 值變小時，使得輸出電壓 V_o 增大，造成 V_- 增大，此 V_- 的增量，造成誤差電壓 V_b 減少，將導致輸出電壓 V_o 下降。

(2) 因此可將輸出電壓 V_o 的增加量，逐漸減少，直到 $V_-=V_+=V_z$ 為止，輸出電壓 V_o 又會回到原來的穩定輸出電壓值，如(7-1)式所示。

綜合以上的分析得知，不論輸入電壓或負載電阻如何變化，都可得到穩定的輸出電壓值，如(7-1)式所示。

2. 並聯式電壓調整電路：

圖 7-12 為運算放大器型式之並聯式電壓調整電路，由於控制元件(2N3055)和負載(R_L)並聯，因此稱之為並聯式電壓調整電路。並聯式電壓調整電路其工作原理和串聯式電壓調整電路類似，但並聯式電壓調整電路藉由控制電晶體(2N3055)的電流大小，來調整輸出電壓。當輸出短路時，R_1 限制了短路電流 ($I_{short}=V_i/R_1$)。

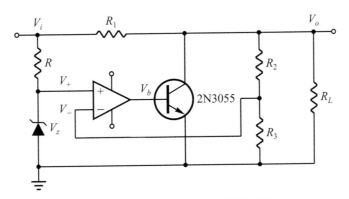

▲ 圖 7-12 並聯式電壓調整電路

圖 7-12 中，

(1) R_2 和 R_3 構成取樣電路。

(2) 2N3055 為控制元件。

(3) OP AMP 則構成誤差檢出電路。

三、實習步驟：

(一)實驗設備：

1. 電源供應器　　　×1
2. 訊號產生器(FG)　×1
3. 示波器　　　　　×1
4. 三用電表　　　　×1
5. 麵包板　　　　　×1

(二)實驗材料：

電阻	5Ω(5W)×2, 10Ω(3W)×2, 100Ω×2,
電容	0.1μF×2
電解電容	47μF×2
二極體	1N4001×4
變壓器	110V→6~0~6V(0.5A)×1
IC	7805(0.5A)×1, 7905(0.5A)×1

(三)實驗項目：

1. 雙極性電壓源電路實驗，電路接線如圖7-6(圖中未繪出負載)，量測輸出電壓為何(負載用100Ω、10Ω(3W)、5Ω(5W)三種)？

負載	輸出電壓(V)	
	7805	7905
100Ω		
10Ω		
5Ω		

四、問題與討論：

1. 上面雙極性電壓源穩壓電路實驗，如果輸出電流大於額定的 0.5A 時，仍能維持額定(穩定)的輸出電壓嗎？

2. 如果穩壓 IC 額定改用 1A 時，變壓器的輸出額定是否要改成 1A 呢？若仍維持使用 0.5A 額定的變壓器，在負載超過 0.5A 時，有何狀況發生呢？

3. 穩壓 IC、78XX 系列及 79XX 系列，經常被使用嗎？

4. 上網路找 7805 及 7905 的 data sheet。

實習　八

定電流(Constant Current)電路實驗

一、實習目的：

了解定電流電路(Constant Current CKT)的設計原理與應用。

二、實習原理：

定電流電路可對變動負載提供一固定電流的電路。

(一)使用運算放大器來設計定電流之電路：

圖 8-1 為一基本之反相放大器電路。

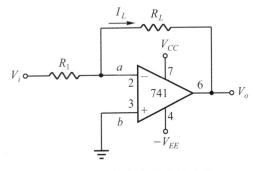

▲ 圖 8-1　基本之反相放大器

當 OP AMP 仍然當作線性放大器時，因 a 點為虛接地，故

$$I_L = \frac{V_i}{R_1} \tag{8-1}$$

而輸出電壓 $V_o = -I_L R_L$，由(8-1)式得知，負載上的電流 I_L 與負載 R_L 無關，若輸入電壓 V_i 為定值，則 I_L 為定值。若改變輸入電壓 V_i，則可提供不同值之定電流輸出。

(二)差動輸入之定電流電路(負載 R_L 接地)：

圖 8-2 為一差動輸入之定電流電路。

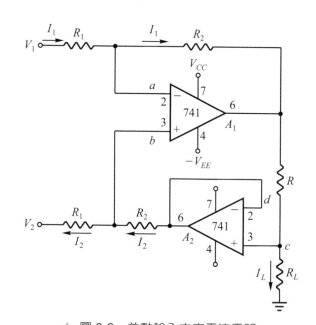

▲ 圖 8-2　差動輸入之定電流電路

圖 8-2 中，因 OP AMP A_1 與 A_2 均作為線性放大器，所以 OP AMP 的＋和－端為虛短路，故 $V_a = V_b$ 與 $V_c = V_d$，電流 I_1 與 I_2 方程式如(8-2)式與(8-3)式所示，電壓 V_e 與 V_c 方程式如(8-4)式與(8-5)式所示，因此列出輸出電流 I_L 如(8-6)式所示：

$$I_1 = \frac{V_1 - V_a}{R_1} \tag{8-2}$$

$$I_2 = \frac{V_b - V_2}{R_1} \tag{8-3}$$

$$V_e = V_1 - I_1(R_1 + R_2) \tag{8-4}$$

$$V_c = V_d = V_2 + I_2(R_1 + R_2) \tag{8-5}$$

$$I_L = \frac{V_e - V_c}{R} \tag{8-6}$$

由於 $V_a = V_b$，因此可以將(8-2)式與(8-3)式整理得(8-7)式

$$I_1 + I_2 = \frac{V_1 - V_2}{R_1} \tag{8-7}$$

將(8-4)式、(8-5)式與(8-7)式代入(8-6)式整理，可得到輸入電壓差 $V_2 - V_1$ 與負載上輸出電流 I_L 的關係式如(8-8)式所示：

$$I_L = (\frac{R_2}{R_1})(\frac{V_2 - V_1}{R}) \tag{8-8}$$

由(8-8)式得知，負載上的電流 I_L 與負載 R_L 無關，若輸入電壓差 $V_2 - V_1$ 為定值，則 I_L 為定值。若改變輸入電壓差 $V_2 - V_1$，則可提供不同值之定電流輸出。

(三)電壓-電流轉換器：

1. 浮動(floating)負載的電壓-電流轉換電路。

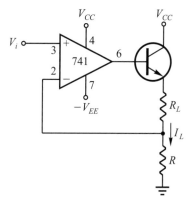

▲ 圖 8-3　浮動負載的電壓-電流轉換電路

圖 8-3 是一個電壓-電流轉換器(通常在 OP 輸出(pin 6)與電晶體的基極(base)間要串接一小電阻 R_B),其中電壓 V_i 與電流 I_L 之關係如(8-9)所示:

$$I_L = \frac{V_i}{R} \tag{8-9}$$

圖 8-3 中之負載無任何一端接地(Grounding),所以是浮動(floating)負載。

註 若將負載 R_L 改為直流伺服馬達,則可提供伺服馬達定轉矩(constant torque)驅動。

2. 輸入電壓為定值之定電流電路(R_L 接地):

若負載有一端必須接地(Grounding),則圖 8-3 可修正如圖 8-4。

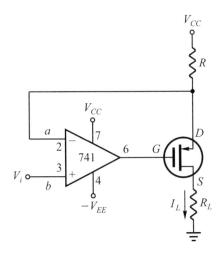

▲ 圖 8-4 負載接地的電壓-電流轉換電路

圖 8-4 是一個電壓-電流轉換器,其中電壓 V_i 與電流 I_L 之關係如(8-10)所示:

$$I_L = \frac{V_{CC} - V_i}{R} \tag{8-10}$$

註 若將負載 R_L 改為直流伺服馬達,則可提供伺服馬達定轉矩(constant torque)驅動。

3. 電流鏡(current mirror):

此定電流源偏壓電路分析如下:如圖 8-5 所示,BJT 可以用定電流源 I 來偏壓(此定電流源電路就是所謂的電流鏡(current mirror)),這電路的優點是射極電流 I (如(8-11)式所示)與 β 及偏壓電阻值無關。此種偏壓電路常用於 IC(積體電路)電路中。

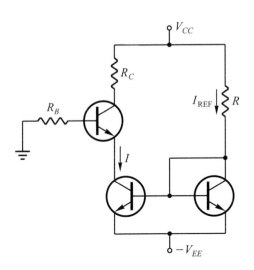

▲ 圖 8-5　定電流源的偏壓電路

$$I = I_{\text{REF}} = \frac{V_{CC} + V_{EE} - V_{BE}}{R} \tag{8-11}$$

三、實習步驟：

(一)實驗設備：

1. 電源供應器　　×1
2. 訊號產生器(FG)　×1
3. 示波器　　　　×1
4. 三用電表　　　×1
5. 麵包板　　　　×1

(二)實驗材料：

電阻	0.5Ω(1W)×1, 1.2Ω(2W)×1, 2Ω(2W)×1, 20Ω×1
電晶體	MJE3055T×1 (TO-220 包裝)npn power transistor(接腳 bottom view 從左至右 BCE)
IC	μA741×1

(三)實驗項目：

1. 浮動(floating)負載的電壓-電流轉換電路實驗，電路接線如圖 8-3，其中
   $R = 0.5\Omega$ (1W)、$R = 0.5\Omega$ (2W)、$R_B = 20\Omega$、$V_i = 0.5$V (要先調好 V_i 值，再輸
   入 OP 的正輸入端(pin 3)，注意 V_i 值不可太大，如果不小心將 V_i 值調太大，電
   阻可能會冒煙)，$V_{CC} = V_{EE} = 15$V，量測 $I_L = V_i / R$ (=0.5/0.5=1A)。

I_L(A)	跨在 R 上的電壓(V)	跨在 R_L 上的電壓(V)

若 $R_L = 2\Omega$ (2W)時，I_L 仍然等於 V_i / R (=0.5/0.5=1A)嗎？

I_L(A)	跨在 R 上的電壓(V)	跨在 R_L 上的電壓(V)

I_L 的值與負載 R_L 的大小有關嗎？

將輸入 V_i 改爲 0～0.5V 之 500Hz 方波(要用 DC offset 調整)，觀察跨在 R 上的
電壓波形(此波形等效於流經 R_L 之電流波形)，並將此電壓波形繪於下圖：

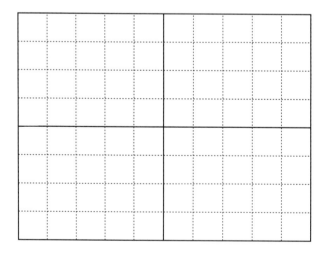

四、電路模擬：

(一)浮動(floating)負載的電壓-電流轉換 Pspice 模擬電路圖如下：

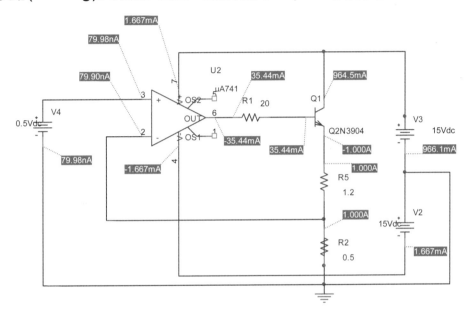

(二)電流鏡 Pspice 模擬電路圖如下：

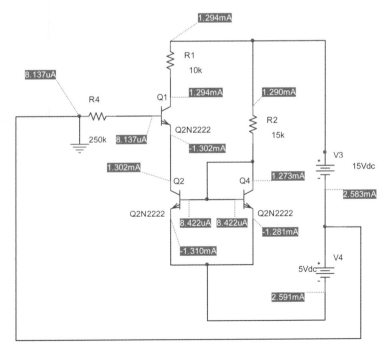

五、問題與討論：

1. 上面實驗中，若 $R = 0.5\Omega$ 、 $R_L = 1.2\Omega$ 、 $R_B = 20\Omega$ 、 $V_i = 1\text{V}$ ，則 I_L = ？ R 與 R_L 需採用幾瓦的功率電阻呢？

2. 比較定電壓電路與定電流電路有何區別呢？那一種較常被使用呢？

3. 定電流電路(Constant Current CKT)應用於何種電路呢？

4. 上網路找 MJE3055T 的 data sheet。

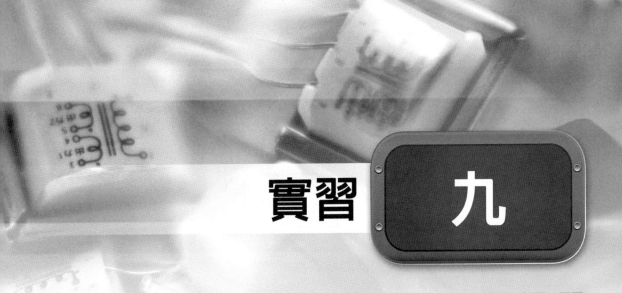

實習 九

低頻正弦波 (Sinusoidal Wave) 振盪器 (Oscillator)實驗

一、實習目的：

了解低頻正弦波振盪器電路的原理與設計。

二、實習原理：

振盪器(oscillator)可分成正弦波振盪器(sinusoidal wave oscillator)及非正弦波振盪器。利用 RC 構成相移(phase-shift)電路的正弦波振盪器，適用於較低頻的振盪，對於高頻的正弦波振盪器，則採用 LC 作為迴授電路。非正弦波振盪器以方波(squared wave)振盪器為主，常見的方波振盪器可由無穩態多諧振盪器(astable multivibrator)，數位電路(或類比電路)配合 RC 充放電電路或電壓控制振盪器(voltage-controlled oscillator)等方式產生。正弦波振盪器僅產生單一正弦頻率的振盪波形，故又稱單諧振盪器(mono vibrator)，而非正弦波振盪器產生之週期波形，可由許多不同頻率之正弦波組合而成，故又稱為多諧振盪器(multivibrator)。

本實驗先討論振盪條件：放大器電路可利用正迴授(positive feedback)電路使閉迴路系統產生振盪，此時不需外加任何訊號，即可將直流偏壓之功率轉換成正弦波之輸出訊號。基本迴授放大器電路如圖 9-1 所示：

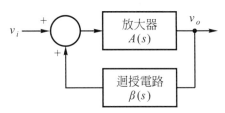

▲ 圖 9-1　基本正迴授放大器電路

由圖 9-1 知，此正迴授放大器之增益為

$$\frac{\overline{V_o}(s)}{\overline{V_i}(s)} = A_f(s) = \frac{A(s)}{[1 - A(s)\beta(s)]} \tag{9-1}$$

在某特定頻率下，若恰好使 $A(s)\beta(s)=+1$ 時(根據巴克豪森準則(Barkhausen criterion))，$A_f(s)$ 的分母為零，此時正迴授放大器之增益為無限大，所以即使在無任何輸入訊號下，仍會有輸出訊號產生。但是在實際振盪電路中，要維持 $A(s)\beta(s)=+1$ 的條件是很難辦到，而若 $A(s)\beta(s)<1$ 時，則輸入振幅會逐漸衰減而終於停止振盪，故實際的振盪器中，需保持 $A(s)\beta(s)$**略大於**+1，由於電路本身具有的非線性特性及電路元件的耗損，可將振幅限制在一定的範圍而不會無限制的增加。

利用 RC 構成的振盪器有相移振盪器(phase-shift oscillator)和韋恩橋式振盪器(Wien bridge oscillator)，適用於低頻振盪。

利用 LC 構成的振盪器有考畢子振盪器、哈特萊振盪器及石英晶體振盪器，適用於高頻振盪。

特別是石英晶體振盪器，可獲得高穩定頻率的振盪器。

(一)相移振盪器：

圖 9-2 為相移振盪器。

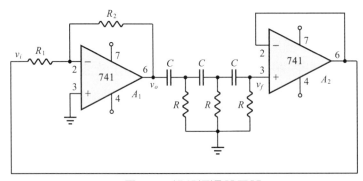

▲ 圖 9-2　相移振盪器電路

從圖 9-2 之閉迴路電路得知，迴授電壓 v_f 與輸出電壓 v_o 之關係為

$$v_f = \frac{v_o}{[1 - 5(\omega RC)^2] + j[(\omega RC)^3 - 6\omega RC]} \tag{9-2}$$

令虛部為零得

$$(\omega RC)^3 = 6\omega RC \tag{9-3}$$

因此

$$\omega = \frac{\sqrt{6}}{RC} \tag{9-4}$$

故此振盪器之振盪頻率可由 RC 調整，振幅則由運算放大器之輸出飽和值決定。

將(9-4)式代入(9-2)式得

$$v_f = \frac{v_o}{1 - 5(\omega RC)^2} = \frac{v_o}{-29} \tag{9-5}$$

圖 9-2 中，因 A_2 為一電壓隨耦器，故 $v_i = v_f$。因 A_1 為一反相放大器，其增益為 $-A = -R_2/R_1$，則

$$v_o = Av_i = \frac{A}{29}v_o \tag{9-6}$$

因此反相放大器的增益 $-A = -R_2/R_1 = -29$ 即可構成振盪器，實際上 R_2/R_1 應調略大於 29。

(二)韋恩橋式振盪器:

圖 9-3 為一韋恩橋式振盪器。

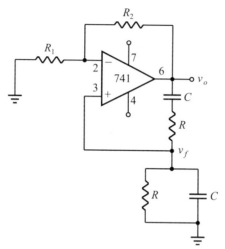

▲ 圖 9-3　韋恩橋式振盪器電路

從圖 9-3 之閉迴路電路得知,迴授電壓 v_f 與輸出電壓 v_o 之關係為

$$v_f = \frac{v_o}{3 + j\left(\omega RC - \dfrac{1}{\omega RC}\right)} \tag{9-7}$$

令虛部為零得

$$\omega RC = \frac{1}{\omega RC} \tag{9-8}$$

因此

$$\omega = \frac{1}{RC} \tag{9-9}$$

故韋恩橋式振盪器的振盪頻率可由 RC 調整。因運算放大器為非反相放大器組態,故

$$v_o = \left(1 + \frac{R_2}{R_1}\right)v_f = \left(1 + \frac{R_2}{R_1}\right)\frac{v_o}{3} \tag{9-10}$$

因此調整 $R_2/R_1 = 2$,即可構成振盪器,實際上 R_2/R_1 應調**略大於** 2。

三、實習步驟：

(一)實驗設備：

1. 電源供應器　　　×1
2. 訊號產生器(FG)　×1
3. 示波器　　　　　×1
4. 三用電表　　　　×1
5. 麵包板　　　　　×1

(二)實驗材料：

電阻	1kΩ×1
可變電阻	5kΩ×1, 10kΩ×2
電容	0.1μF×2
IC	μA741×1

(三)實驗項目：

1. 韋恩橋式振盪器實驗，電路接線如圖 9-3，其中 OP 偏壓為 ±15V、$R_1 = 1\text{k}\Omega$ 、$R_2 = 5\text{k}\Omega$ (可變電阻)、$R = 10\text{k}\Omega$ (可變電阻)、$C = 0.1\mu\text{F}$ ，先調 $R = 1\text{k}\Omega$ ，再調 R_2 使得振盪器開始穩定地振盪(理論上，調整 $R_2/R_1 = 2$，即可構成振盪器，實際上 R_2/R_1 應調**略大於** 2)，再做實驗完成下表：

R	1kΩ	3kΩ	5kΩ	7kΩ	10kΩ
輸出振幅					
輸出頻率					
輸出頻率理論值					

當 $R = 5\text{k}\Omega$ 時，將輸出 v_o 的波形繪於下圖：

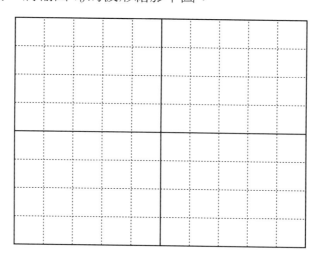

四、韋恩橋式振盪器電路模擬：

韋恩橋式振盪器 Pspice 模擬電路圖如下：

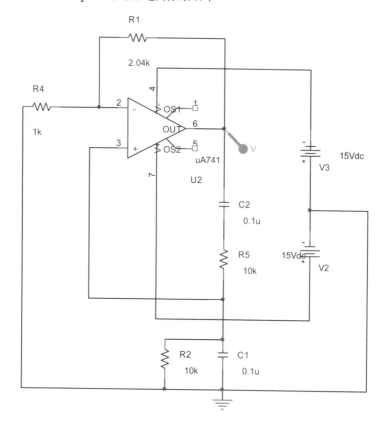

韋恩橋式振盪器中，輸出振盪波形如下：

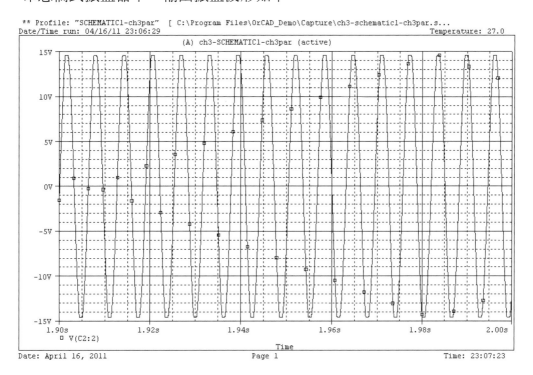

上圖模擬振盪頻率約 159Hz。

五、問題與討論：

1. 比較上面韋恩橋式振盪器實驗的振盪頻率實驗值與理論值。

2. 上面韋恩橋式振盪器實驗的最高振盪頻率大約為何？

3. 低頻振盪器的用途為何？

高頻正弦波 (Sinusoidal Wave) 振盪器 (Oscillator)實驗

一、實習目的：

了解高頻正弦波振盪器電路的原理與設計。

二、實習原理：

在實驗九中，利用 RC 構成相移(phase-shift)電路的正弦波振盪器，適用於較低頻的振盪，對於高頻的正弦波振盪器則採用 LC 作為迴授電路。振盪條件已經在實驗九討論過了。本實驗直接討論利用 LC 構成的振盪器有考畢子振盪器、哈特萊振盪器及石英晶體振盪器，適用於高頻振盪。考畢子振盪器(Colpitts oscillator)和哈特萊振盪器(Hartley oscillator)是典型的 LC 振盪器。而石英晶體振盪器(Crystal Oscillator)，可獲得高穩定頻率的振盪器。

(一)考畢子振盪器(Colpitts oscillator)：

圖 10-1 為一考畢子振盪器電路。

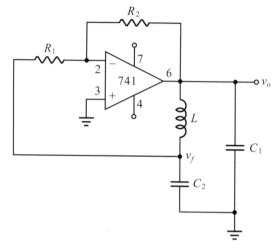

▲ 圖 10-1　考畢子振盪器電路

圖 10-2 為考畢子振盪器等效電路。

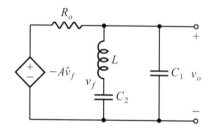

▲ 圖 10-2　考畢子振盪器等效電路

其中，反相放大器的增益為 $-A(A=R_2/R_1)$，R_o 為一等效輸出電阻。

從圖 10-2 知

$$v_o = \frac{-AZ_L\hat{v}_f}{R_o + Z_L} \qquad (10\text{-}1)$$

其中

$$Z_L = (j\omega L + \frac{1}{j\omega C_2}) \mathbin{/\mkern-5mu/} (\frac{1}{j\omega C_1})$$

且

$$v_f = \frac{\dfrac{1}{j\omega C_2}}{j\omega L + \dfrac{1}{j\omega C_2}} v_o \qquad (10\text{-}2)$$

因此

$$\frac{v_f}{\hat{v}_f} = \frac{A(\dfrac{1}{\omega C_2})(\dfrac{1}{\omega C_1})}{\dfrac{-1}{\omega C_1}(\dfrac{1}{\omega C_2} - \omega L) - jR_o(\dfrac{1}{\omega C_2} + \dfrac{1}{\omega C_1} - \omega L)} \qquad (10\text{-}3)$$

令虛部為零得

$$\frac{1}{\omega C_2} + \frac{1}{\omega C_1} = \omega L \qquad (10\text{-}4)$$

則振盪頻率為

$$\omega = \frac{1}{\sqrt{\dfrac{C_1 C_2}{C_1 + C_2} L}} \qquad (10\text{-}5)$$

且

$$\frac{v_f}{\hat{v}_f} = \frac{A(\dfrac{1}{\omega C_2})(\dfrac{1}{\omega C_1})}{\dfrac{-1}{\omega C_1}(\dfrac{1}{\omega C_2} - \omega L)} = A(\dfrac{C_1}{C_2}) \qquad (10\text{-}6)$$

從(10-4)知

$$\frac{1}{\omega C_2} = \omega L - \frac{1}{\omega C_1}$$

所以 $A = R_2/R_1 = C_2/C_1$ 即可構成振盪器，實際上增益 A 應調**略大**於 C_2/C_1。

如果將考畢子的電容器改為電感器，電感器改為電容器，即可得另一種型式的振盪器稱為哈特萊振盪器，討論如下。

(二)哈特萊振盪器(Hartley oscillator)：

圖 10-3 為哈特萊振盪器。

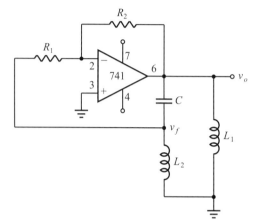

▲ 圖 10-3　哈特萊振盪器電路

哈特萊振盪器的振盪頻率為

$$\omega = \frac{1}{\sqrt{(L_1 + L_2)C}} \tag{10-7}$$

若圖 10-3 中反相放大器的增益為 $-A$，其中增益 $A=R_2/R_1=L_2/L_1$ 即可構成振盪器。實際上增益 A 應調**略大**於 L_2/L_1。

若需要穩定且高頻率之振盪器，最常用的是石英晶體振盪器。

(三)石英晶體振盪器(Crystal Oscillator)：

圖 10-4 為石英晶體振盪器(又稱皮爾斯振盪器)。

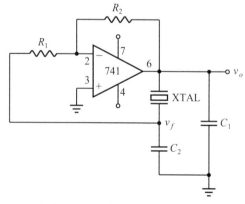

▲ 圖 10-4　石英晶體振盪器電路

石英晶體的等效電路如圖 10-5 所示：

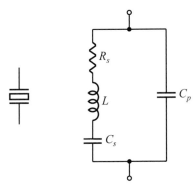

▲ 圖 10-5　石英晶體的等效電路

因石英晶體的 Q 值(品質因數，quality factor)非常高，可忽略 R_S，則石英晶體的等效阻抗為

$$Z = -j\frac{1}{\omega C_p} \cdot \frac{\omega^2 - \omega_s^2}{\omega^2 - \omega_p^2} \tag{10-8}$$

其中

$$\omega_p = \frac{1}{\sqrt{L(\dfrac{C_p C_s}{C_p + C_s})}} \tag{10-9}$$

$$\omega_s = \frac{1}{\sqrt{LC_s}} \tag{10-10}$$

從考畢子振盪器知，若 Z 為一電感性(inductance)阻抗，即可構成一振盪器，從(10-8)式得知，僅有在 $\omega_s < \omega < \omega_p$ 時，Z 為電感性阻抗，實際上因為 $C_p >> C_s$，所以 ω_s 與 ω_p 兩個頻率十分相近(且 $\omega_s < \omega_p$)，故石英晶體振盪器可穩定的振盪於 $\omega_s < \omega < \omega_p$ 之間。所以增益 $A = R_2/R_1 = C_2/C_1$ 即可構成振盪器，實際上增益 A 應調**略**大於 C_2/C_1。

由於 OP AMP 本身受回轉率(slew rate)的限制，故以上考畢子、哈特萊及石英晶體振盪器電路無法提供高頻的振盪範圍，若需要高頻振盪頻率，則實際上將 OP AMP 反相放大器電路以 BJT 共射極放大器(或 MOSFET 共源極放大器)取代，如圖 10-6 所示為一實際高頻用石英晶體振盪器電路(又稱為皮爾斯振盪器 (Pierce oscillator))。

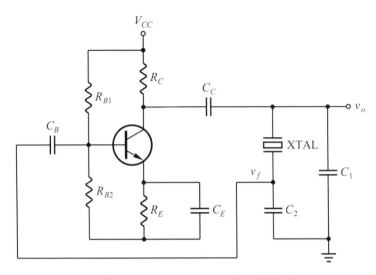

▲ 圖 10-6　BJT 的皮爾斯振盪器電路

圖 10-7 是利用 CMOS 電路構成的考畢子振盪器(也稱為皮爾斯振盪器)。

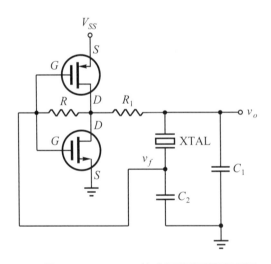

▲ 圖 10-7　CMOS 的皮爾斯振盪器電路

🖊註 CMOS(Complementary MOS)，即由 NMOS 和 PMOS 組成之互補型 MOS。

🖊註 正弦波振盪器還有許多不同的方式產生，本實驗僅提供這 2 種常見的電路。

🖊註 使用 OP AMP RC 振盪器電路適用於低頻(約 100kHz 以下)，若需要較高的頻率(1MHz 以上)，則應考慮使用電晶體結合 LC 之振盪器。

三、實習步驟：

(一)實驗設備：

1. 電源供應器　　　×1
2. 訊號產生器(FG)　×1
3. 示波器　　　　　×1
4. 三用電表　　　　×1
5. 麵包板　　　　　×1

(二)實驗材料：

電阻	1kΩ×1
可變電阻	5kΩ×1
電容	0.1μF(104)×1, 0.22μF(224)×1
電感	330μH×1, 820μH×1
IC	μA741×1

(三)實驗項目：

1. 考畢子振盪器(Colpitts oscillator)實驗，電路接線如圖 10-1，其中 OP 偏壓為 $\pm15V$、$R_1 = 1k\Omega$、$R_2 = 5k\Omega$ (可變電阻)、$C_1 = 0.1\mu F$、$C_2 = 0.22\mu F$、$L = 330\mu H$，調整 R_2 使得振盪器開始穩定地振盪(理論上 $A = R_2/R_1 = C_2/C_1$，即可構成振盪器，實際上增益 A 應調略大於 C_2/C_1)，做實驗完成下表：

R_2	kΩ
輸出振幅	
輸出頻率	
輸出頻率理論值	

將振盪輸出 v_o 的波形繪於下圖：

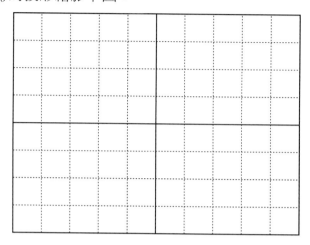

2. 哈特萊振盪器(Hartley oscillator)實驗，電路接線如圖 10-3，其中 OP 偏壓為±15V、$R_1 = 1k\Omega$、$R_2 = 5k\Omega$ (可變電阻)、$L_1 = 330\mu H$、$L_2 = 820\mu H$、$C = 0.1\mu F$，調整 R_2，使得振盪器開始穩定地振盪(理論上 $A=R_2/R_1=L_2/L_1$，即可構成振盪器，實際上增益 A 應調略大於 L_2/L_1)，做實驗完成下表：

R_2	kΩ
輸出振幅	
輸出頻率	
輸出頻率理論值	

將振盪輸出 v_o 的波形繪於下圖：

四、振盪器電路模擬：

(一)考畢子振盪器 Pspice 模擬電路圖如下：

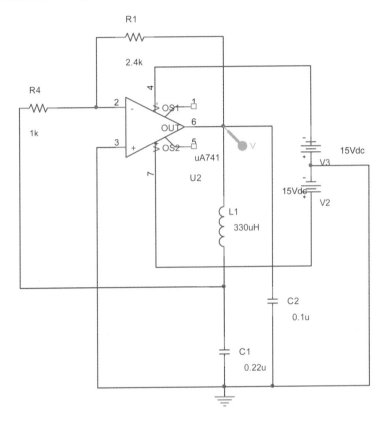

考畢子振盪器中，輸出振盪波形如下：

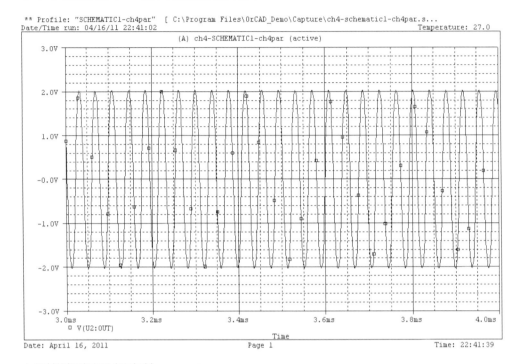

上圖模擬振盪頻率約 33.43kHz。

(二)哈特萊振盪器 Pspice 模擬電路圖如下：

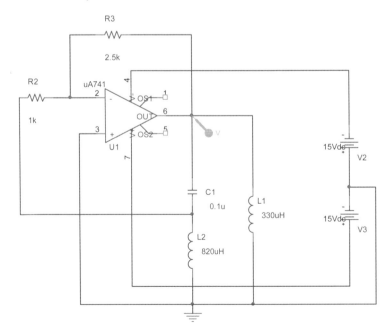

哈特萊振盪器中，輸出振盪波形如下：

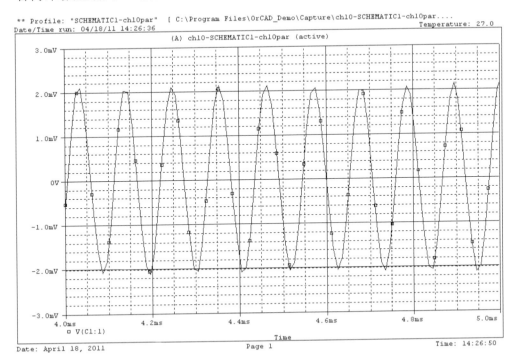

上圖模擬振盪頻率約 14.85 kHz。

五、問題與討論：

1. 比較上面考畢子振盪器(Colpitts oscillator)實驗的振盪頻率實驗值與理論值。

2. 上面考畢子振盪器(Colpitts oscillator)實驗的最高振盪頻率大約為何？

3. 高頻振盪器的用途為何？為何高頻振盪器，常採用石英晶體振盪器呢？

4. 將哈特萊振盪器以石英晶體取代，應如何更改？

實習 十一

方波(Squared Wave)與三角波(Triangular Wave)產生器實驗

一、實習目的：

了解方波與三角波產生器電路的原理與設計。

二、實習原理：

常見的方波振盪器可藉由無穩態多諧振盪器(astable multivibrator)產生。一般而言，多諧振盪器(multivibrator)又可分成無穩態多諧振盪器(astable multivibrator)、單穩態多諧振盪器(monostable multivibrator)及雙穩態多諧振盪器(bistable multivibrator)等三種。本實驗先討論無穩態多諧振盪器，其它二種在下一個實驗中討論。

(一)無穩態多諧振盪器：

圖 11-1 爲一無穩態多諧方波振盪器。

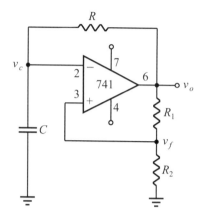

▲ 圖 11-1　無穩態多諧方波振盪器

當 $v_c < v_f$，則 $v_o = +V_{sat}$ 且 $v_f = R_2/(R_1+R_2) \times v_o = R_2/(R_1+R_2) \times V_{sat}$，此時電容 C 處於充電狀態，v_c 電壓增大，直至 $v_c < v_f$，則 $v_o = -V_{sat}(v_f = -R_2/(R_1+R_2) \times V_{sat})$，此時電容處於放電的狀態，$v_c$ 電壓變小，直至 $v_c < v_f$，如此週期性循環，產生振盪週期由 R、C、R_1 及 R_2 共同決定，振幅爲 $\pm V_{sat}$ 之方波。振盪週期可由下式獲得

$$\frac{R_2}{R_1+R_2}V_{sat} = V_{sat} - \left(V_{sat} + \frac{R_2}{R_1+R_2}V_{sat}\right)e^{-\frac{T}{2RC}}$$

則

$$T = 2RC\ln\frac{1+\dfrac{R_2}{R_1+R_2}}{1-\dfrac{R_2}{R_1+R_2}} = 2RC\ln\frac{R_1+2R_2}{R_1} = 2RC\ln\left(1+\frac{2R_2}{R_1}\right) \tag{11-1}$$

註 方波振盪器還可由其他電路構成，本實驗僅介紹利用無穩態多諧振盪器產生。

振盪頻率

$$f = \frac{1}{T} \tag{11-2}$$

角頻率為

$$\omega = 2\pi f = \frac{2\pi}{T} \tag{11-3}$$

利用數位 IC 配合 RC 充放電電路構成之方波產生器，如圖 11-2 所示：

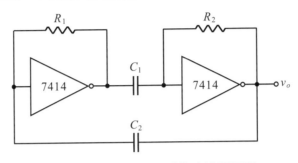

▲ 圖 11-2　7414 組成的方波振盪器

其振盪週期很難精確計算，因振盪週期除了與 R_1、R_2、C_1 及 C_2 有關外，還跟 7414 史密特觸發器(Schmitt trigger)的 VT^+(upper threshold voltage)及 VT^-(lower threshold voltage)有關。

若將圖 11-2 的 C_2 改為石英晶體，則可得較高頻率且精確性和穩定性均佳的方波振盪器、如圖 11-3 所示，其中振盪頻率由石英晶體決定。

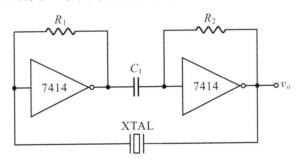

▲ 圖 11-3　7414 與石英晶體組成的方波振盪器

(二)電壓控制振盪器：

電壓控制振盪器(voltage-controlled oscillator，VCO)，現有許多 IC 型的 VCO，LM566C 為其中一個，可產生方波及三角波，其接線電路如圖 11-4 所示：

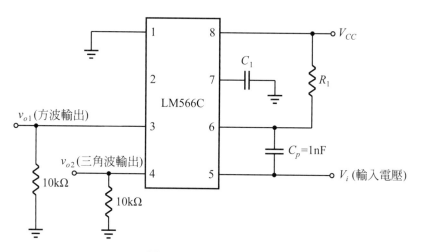

▲ 圖 11-4 電壓控制振盪器

其振盪頻率

$$f = \frac{2.4(V_{CC} - V_i)}{R_1 C_1 V_{CC}} \qquad (11\text{-}4)$$

其中 V_i 為輸入電壓，需介於 $3/4 V_{CC} \leq V_i \leq V_{CC}$ 之間，$2\text{k}\Omega < R_1 < 20\text{k}\Omega$，$10\text{V} \leq V_{CC} \leq 24\text{V}$，電容 $C_p = 1\text{nF}$ 用來防止寄生振盪(parasitic oscillation)。

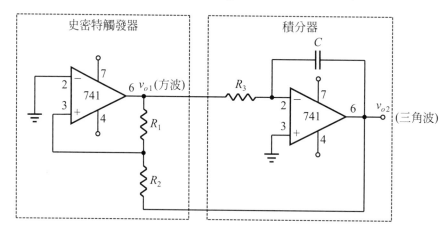

▲ 圖 11-5 史密特觸發器和積分器(integrator)共同組成之振盪器

圖 11-5 為三角波產生器，三角波產生器可藉由史密特觸發器和積分器(integrator)共同組成。由實驗五之非反相史密特觸發電路知

$$V_{TH} = \frac{R_2}{R_1} V_{\text{sat}} \qquad (11\text{-}5)$$

$$V_{TL} = -\frac{R_2}{R_1}V_{\text{sat}} \tag{11-6}$$

而此電路知方波與三角波之週期 T 可由下式求得

$$\frac{2(V_{TH} - V_{TL})}{T} = \frac{V_{\text{sat}}}{RC} \tag{11-7}$$

因此振盪週期

$$T = 4RC(\frac{R_2}{R_1}) \tag{11-8}$$

圖 11-6 爲方波與三角波之間的關係

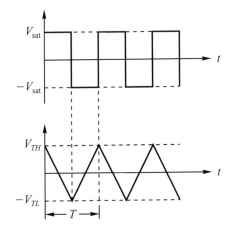

▲ 圖 11-6　方波與三角波之間的關係

三、實習步驟：

(一)實驗設備：

1. 電源供應器　　　×1
2. 訊號產生器(FG)　×1
3. 示波器　　　　　×1
4. 三用電表　　　　×1
5. 麵包板　　　　　×1

(二)實驗材料：

電阻	$10k\Omega \times 2$
可變電阻	$20k\Omega \times 1$
電容	$1nF \times 1$, $0.1\mu F \times 1$
IC	$LM566C \times 1$

(三)實驗項目：

1. LM566C 電壓控制振盪器(voltage-controlled oscillator，VCO)實驗，其接線電路如圖 11-4，若 $R_1 = 20k\Omega$ (可變電阻)、$C_1 = 0.1\mu F$、$V_{CC} = 15V$，調整 $R_1(2k\Omega < R_1 < 20k\Omega)$完成下表：

電壓 $V_i = 12V$ 時：

R_1	$3k\Omega$	$5k\Omega$	$10k\Omega$	$15k\Omega$	$18k\Omega$
輸出振幅					
輸出頻率					
輸出頻率理論值					

當 $R_1 = 5k\Omega$ 時，將輸出 v_{o1}(方波)和 v_{o2}(三角波)的波形繪於下圖：

電壓 V_i=14V 時：

R_1	3kΩ	5kΩ	10kΩ	15kΩ	18kΩ
輸出振幅					
輸出頻率					
輸出頻率理論值					

當 $R_1 = 5\text{k}\Omega$ 時，將輸出 v_{o1}(方波)和 v_{o2}(三角波)的波形繪於下圖：

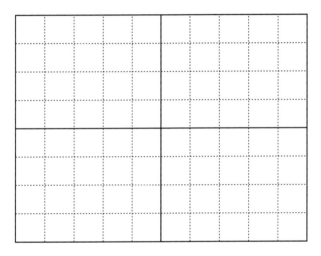

四、問題與討論：

1. 比較上面 LM566C 電壓控制振盪器實驗的振盪頻率實驗值與理論值。

2. 上面 LM566C 電壓控制振盪器輸出振幅由那個因素控制呢？

3. 上網路找 LM566C 的 data sheet。

實習 十二

多諧振盪器(Multivibrator)實驗

一、實習目的：

了解多諧振盪器的原理與電路設計。

二、實習原理：

一般而言，多諧振盪器又可分成無穩態多諧振盪器(astable multivibrator)、單穩態多諧振盪器(monostable multivibrator)、雙穩態多諧振盪器(bistable multivibrator)等三種。

1. 無穩態多諧振盪器是一種常見的振盪電路，因為沒有穩定的狀態且不需要外部觸發訊號，即可產生週期性的振盪波形，因此又稱為自激式多諧振盪器(self-excited mutivibrator)。

2. 單穩態多諧振盪器(monostable multivibrator)，僅具有一種穩定狀態，若不加入觸發訊號，電路會保持在此穩定狀態，若加入一觸發訊號，電路會改變狀態，經一段時間後，電路會回復到原來的穩定狀態，因此每觸發一次，即可產生一個振盪波形。因此又稱為單擊電路(one shot circuit)。

3. 雙穩態多諧振盪器(bistable mutivibrator)，有兩種穩定狀態，每加入一次觸發訊號，電路會轉換成另一種穩定狀態，若不加入觸發訊號，電路會永遠保持在現有的穩定狀態，而且會維持在這個穩定狀態，直至下一次觸發訊號的加入，才會轉換成另一種穩定狀態。

註) 數位電路中的正反器(Flip-Flop)，即是典型的雙穩態多諧振盪器。

有許多電路可構成上述之多諧振盪電路，其中一種是利用 IC-555 來完成。IC-555 可構成無穩態多諧振盪電路，單穩態多諧振盪電路及雙穩態多諧振盪電路。

註) IC-555 雖然可以用於雙穩態多諧振盪電路，但實際上較少被採用。

(一)IC-555 振盪電路：

圖 12-1 爲 IC-555 之方塊圖。

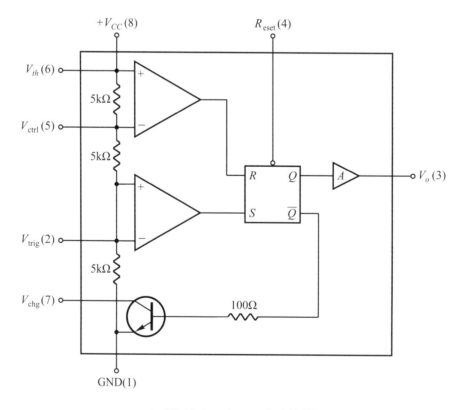

▲ 圖 12-1　IC-555 之方塊圖

IC-555 運用於無穩態多諧(方波)振盪電路如圖 12-2 所示：

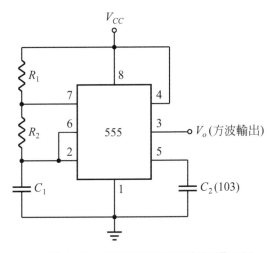

▲ 圖 12-2　無穩態多諧(方波)振盪電路

註 Pin5 如果不使用，應接上一小電容(C_2)以避免因雜訊造成的假觸發，此電容做為反耦合(反交連)之用，與振盪電路無關，在有些情況下，此電容器可省略不用。

圖 12-2 中之方波輸出波形，如圖 12-3 所示：

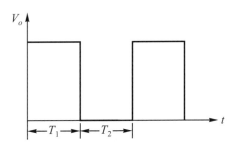

▲ 圖 12-3　方波輸出波形

其振盪週期為

$$
\begin{aligned}
T_1 &= \ln 2 \times (R_1 + R_2)C_1 \\
T_2 &= \ln 2 \times R_2 C_1 \\
T &= T_1 + T_2 = \ln 2 \times (R_1 + 2R_2)C_1 = 0.693(R_1 + 2R_2)C_1
\end{aligned}
\tag{12-1}
$$

則振盪頻率為

$$
f = \frac{1}{T} = \frac{1.44}{(R_1 + 2R_2)C_1}
\tag{12-2}
$$

註 在實驗十一中，以 OP AMP 電路結合 RC 充放電電路構成的方波振盪器，也是一種無穩態多諧振盪電路。

(二) IC-555 運用於單穩態多諧振盪電路(或稱為單擊電路)，如圖 12-4 所示：

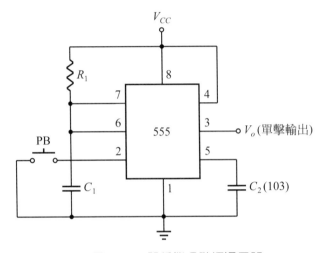

▲ 圖 12-4　單穩態多諧振盪電路

按一下 Pin2 之開關 PB(push button)(隨即放開)，產生一個觸發脈衝(pulse)，即可在輸出端 V_o 產生一單擊波形如圖 12-5 所示：

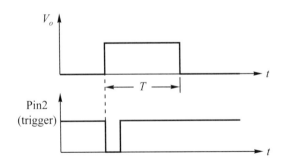

▲ 圖 12-5　單穩態多諧振盪電路輸出單擊波形

輸出單擊的脈波時間長度

$$T = 1.1R_1C_1 \tag{12-3}$$

使用 OP AMP 亦可構成單擊電路，如圖 12-6 所示：

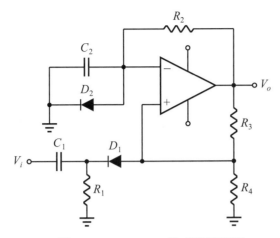

▲ 圖 12-6　OP AMP 構成單擊電路

圖 12-6 中輸入 V_i 與輸出 V_o 的關係，如圖 12-7 所示：

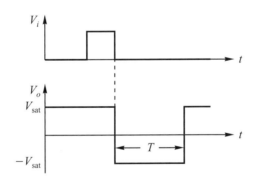

▲ 圖 12-7　輸入 V_i 與輸出 V_o 的關係

$$T = R_2 C_2 \times \ln[\frac{V_{\text{sat}} + V_D}{(1-\beta)V_{\text{sat}}}] \tag{12-4}$$

其中 $\beta = R_3/(R_3+R_4)$，V_D 為二極體之導通電壓(約等於 0.7V)。

(三)數位電路中的正反器是典型的雙穩態多諧振盪電路，IC-555 構成的雙穩態多諧振盪電路一般有兩種：

1. R-S 觸發器型雙穩態多諧振盪器，如圖 12-8 所示。
2. 史密特觸發器(Schmitt trigger)型雙穩態多諧振盪器，如圖 12-9 所示。

🔍註 IC-555 構成的雙穩態多諧振盪器實際上較少被採用。

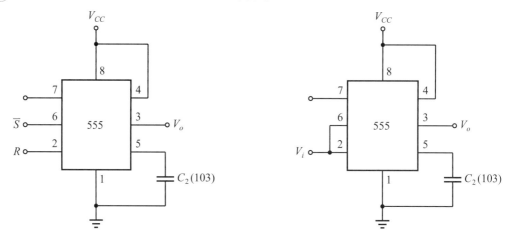

▲ 圖 12-8　R-S 觸發器型雙穩態多諧振盪器　　▲ 圖 12-9　史密特觸發器型雙穩態多諧振盪器

🔍註 IC-555 也可以當成電壓控制振盪器(voltage-controlled oscillator，VCO)及其它多種應用電路。

雙穩態多諧振盪器也可以用 OP AMP 構成，如圖 12-10 所示：

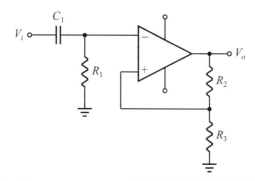

▲ 圖 12-10　OP AMP 構成雙穩態多諧振盪器

圖 12-10 中，輸入 V_i 與輸出 V_o 之關係，如圖 12-11 所示：

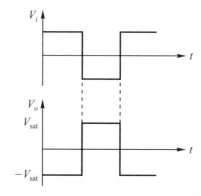

▲ 圖 12-11　輸入 V_i 與輸出 V_o 之關係

三、實習步驟：

(一)實驗設備：

1. 電源供應器　　　×1
2. 訊號產生器(FG)　×1
3. 示波器　　　　　×1
4. 三用電表　　　　×1
5. 麵包板　　　　　×1

(二)實驗材料：

電阻	2.2kΩ×1
可變電阻	50kΩ×1
電容	0.01μF×1, 0.1μF×1
IC	IC-555×1

(三)實驗項目：

1. IC-555 運用於無穩態多諧(方波)振盪實驗，電路如圖 12-2 所示，其中 $V_{CC} = 15\text{V}$ 、 $R_1 = 2.2\text{k}\Omega$ 、 $R_2 = 50\text{k}\Omega$ (可變電阻)、 $C_1 = 0.1\mu\text{F}$ ，調整 R_2 完成下表(Duty Cycle $D = \dfrac{T_{\text{on}}}{T_{\text{on}} + T_{\text{off}}}$)：

R_2	1kΩ	5kΩ	10kΩ	30kΩ	50kΩ
輸出振幅					
輸出頻率					
輸出頻率理論值					
D					
D 的理論值					

當 $R_2 = 5\text{k}\Omega$ 時,將輸出 v_o(方波)的波形繪於下圖:

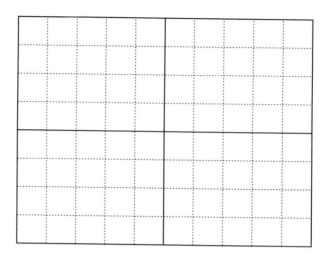

四、電路模擬:

IC-555 方波振盪實驗,Pspice 模擬電路圖如下:

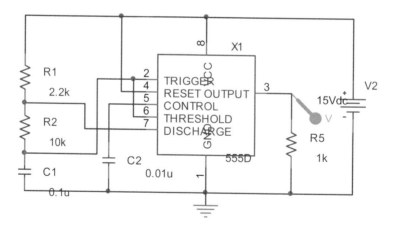

IC-555 方波振盪實驗，輸出電壓波形如下：$R_2 = 10k\Omega$

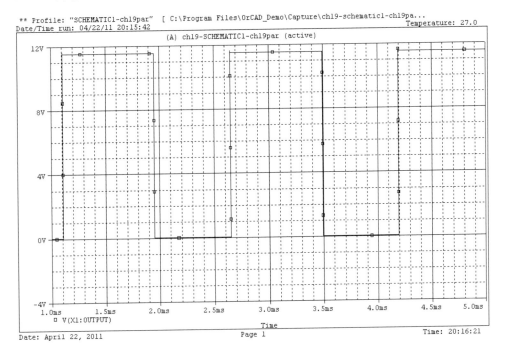

輸出頻率約 649Hz。

五、問題與討論：

1. 比較上面 IC-555 振盪器實驗的振盪頻率實驗值與理論值。輸出振幅大小、由何因素決定呢？

2. 如何設計 IC-555 電路，使得方波振盪頻率的 Duty Cycle=0.5？

3. IC-555 經常被使用嗎？用於何種場合呢？

4. 上網路找 IC-555 的 data sheet。

實習 十三

主動濾波器(Active Filter)電路實驗

一、實習目的：

了解主動濾波器的原理與設計。

二、實習原理：

濾波器(filter)是一種具有訊號頻率選擇(過濾)特性的電路，從使用元件來分有：

1. 被動式濾波器(passive filter)，僅使用被動元件(passive component)R、L、C 構成。

2. 主動濾波器(active filter)，常使用 OP AMP 配合 R、C 電路構成，因電路中使用主動元件 OP AMP 故名為主動濾波器。

註) 主動元件需偏壓(bias)才能使電路正常工作，而被動元件則否。所以主動濾波器除了頻率選擇的功能外，還有放大(或衰減)訊號的功能。

從頻率特性上來分有

(1) 低通濾波器(low-pass filter，LPF)。

(2) 高通濾波器(high-pass filter，HPF)。

(3) 帶通濾波器(band-pass filter，BPF)。

(4) 帶拒濾波器(band-stop filter，BSF)。

從型式上來分有

(1) Butterworth filter(巴特沃斯濾波器)。

(2) Chebyshev filter(柴比雪夫濾波器)。

最常被使用。

　　一般而言，濾波器的階數越高，則其暫態響應(transient response)越好，但電路越複雜且越昂貴，所以實用上、需在響應性與複雜性之間取得平衡。

(一)一階低通濾波器：

圖 13-1 為一階低通濾波器。

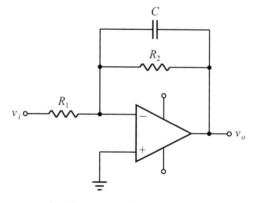

▲ 圖 13-1　一階低通濾波器

其輸出 v_o 與輸入 v_i 的轉移函數為

$$T(s) = \frac{-(\frac{R_2}{R_1})}{(1 + \frac{s}{\omega_p})} = \frac{k\omega_p}{s + \omega_p} \tag{13-1}$$

　　其中 $k = -(R_2/R_1)$(k 稱為 DC-gain(直流增益))；$\omega_p = 1/(R_2 C)$(rad/sec)(ω_p 即為 LPF 的 -3dB 頻寬(bandwidth)，$\omega_p = 2\pi f_p$，故 $f_p = \omega_p/2\pi$(Hz))，頻寬的定義是當 $|T(j\omega)/k|$ 值降為 $|T(j0)/k|$ 值的 $1/\sqrt{2}$ 時的頻率即為頻寬。

圖 13-2 為一階 LPF 之大小-頻率之響應，所以從圖 13-2 知 $|T(j\omega_p)/k|=1/\sqrt{2}$，所以 ω_p 值即為頻寬。

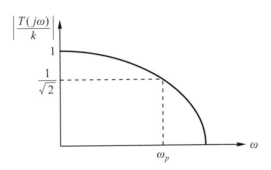

▲ 圖 13-2　一階 LPF 之大小-頻率之響應

因 $|T(j\omega)/k|$ 之 DC-gain 為 1(unity)，在 $\omega=\omega_p$ 時，$|T(j\omega)/k|=1/\sqrt{2}=0.707$，即在 $\omega=\omega_p$ 時，功率為 $\omega=0$(直流時)之一半，所以又稱半功率點，又此時的大小(magnitude)之 dB 值(為 $log(1/\sqrt{2})=-3\text{dB}$)，所以 ω_p 值又稱為 -3dB 頻寬(bandwidth)。

(二)二階低通濾波器：

圖 13-3 為 Sallen and Key 二階 LPF 之電路圖。

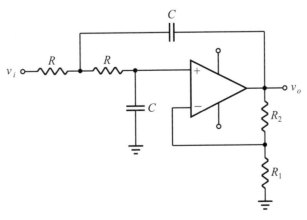

▲ 圖 13-3　Sallen and Key 二階 LPF 之電路圖

圖 13-3 二階低通濾波器的轉移函數爲

$$T(s) = \frac{k\omega_n^2}{s^2 + 2\zeta\omega_n s + \omega_n^2} = \frac{k\omega_n^2}{s^2 + (\frac{\omega_n}{Q})s + \omega_n^2} \tag{13-2}$$

其中 $\zeta = (1 - \frac{R_2}{2R_1})$ (稱爲阻尼比，damping ratio)，$Q = \frac{1}{2\zeta} = \frac{R_1}{2R_1 - R_2}$ (稱爲品質因數，quality factor)，$\omega_n = \frac{1}{RC}$ (稱爲自然無阻尼頻率，natural undamped frequency)，$k = (1 + \frac{R_2}{R_1})$ (稱爲直流增益)，因 $\zeta > 0$，所以 $2R_1 > R_2$。

我們可以從(13-2)式中，輕易得知，當 $Q = 1/\sqrt{2} = 0.707$ 時，圖 13-3 的 Sallen and Key 二階低通濾波器的－3dB 頻寬 ω_p 恰好等於 ω_n，即 $\omega_p = \omega_n = 1/(RC)$，其中 Q 值稱爲品質因數(quality factor)，通常(對於濾波器而言)我們只對 $Q > 0.5$ 有興趣，Q 值越大，濾波器的極點(pole)就越接近虛軸，而且濾波器的選擇性(selection)也就越高。當 Q 值爲無窮大時，極點將落在虛軸上。從(13-2)式我們可以輕易得到當 $Q = 1/\sqrt{2}$ 時，圖 13-3 的低通濾波器的－3dB 頻寬，恰好就等於 ω_n。

圖 13-4 爲 Sallen and Key 二階低通濾波器之大小-頻率響應。

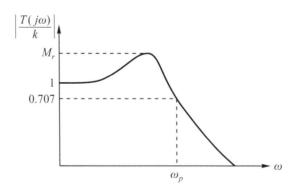

▲ 圖 13-4 Sallen and Key 二階低通濾波器之大小-頻率響應

當 $Q \geq 0.707$ 時，才會有共振峰值 M_r(resonant peak)出現，Q 越大，M_r 就越大，其中 ω_p 爲－3dB 頻寬。

(三)一階高通濾波器：

圖 13-5 為一階高通濾波器。

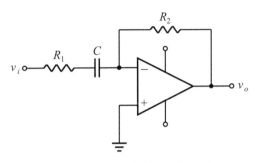

▲ 圖 13-5　一階高通濾波器

其轉移函數為

$$T(s) = \frac{hs}{s + \omega_p} \tag{13-3}$$

其中 $h = -R_2/R_1$ 稱高頻增益(high-frequency gain)，$\omega_p = 1/R_1C$。

圖 13-5 之大小-頻率響應，如圖 13-6 所示：

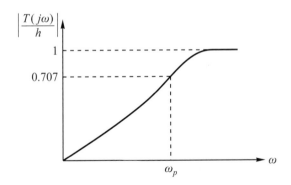

▲ 圖 13-6　一階高通濾波器之大小-頻率響應

當 $\omega \to \infty$ 時，$|T(j\infty)/h| \to 1(0\text{dB})$；當 $\omega = \omega_p$ 時，$|T(j\omega_p)/h| = 1/\sqrt{2}\,(-3\text{dB})$。

(四)二階 Sallen and Key 帶通濾波器：

圖 13-7 為 Sallen and Key 二階帶通濾波器。

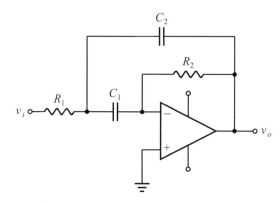

▲ 圖 13-7　Sallen and Key 二階帶通濾波器

其轉移函數為

$$T(s) = \dfrac{-\dfrac{1}{R_1 C_2}s}{s^2 + \dfrac{C_1 + C_2}{R_2 C_1 C_2}s + \dfrac{1}{R_1 R_2 C_1 C_2}} = \dfrac{bs}{s^2 + \dfrac{\omega_p}{Q}s + \omega_p{}^2}$$

其中

$$b = -\dfrac{1}{R_1 C_2} \text{ , } \omega_p = \sqrt{\dfrac{1}{R_1 R_2 C_1 C_2}} \text{ , } \dfrac{\omega_p}{Q} = \dfrac{C_1 + C_2}{R_2 C_1 C_2} \text{ , } Q = \dfrac{1}{(C_1 + C_2)}\sqrt{\dfrac{R_2 C_1 C_2}{R_1}}$$

二階帶通濾波器的大小-頻率響應如圖 13-8。

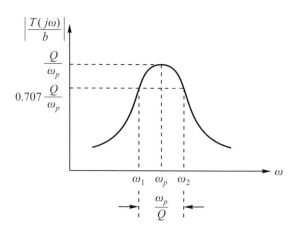

▲ 圖 13-8　二階帶通濾波器的大小-頻率響應

其中 passband 的寬度(即帶通頻寬)為 $\omega_2 - \omega_1 = \omega_p/Q$，其中 $\omega_1 \omega_2 = \omega_p{}^2$。

　　為了改善圖 13-7 之帶通濾波器的響應及獲得較高的 Q 值，我們可在圖 13-7 的電路加上正迴授電路，如圖 13-9 所示：

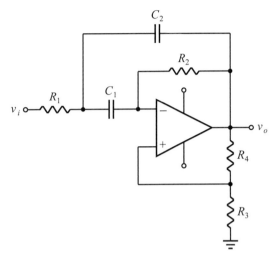

▲ 圖 13-9　Delyiannis 帶通濾波器

圖 13-9 又稱為 Delyiannis 帶通濾波器，其轉移函數為

$$T(s) = \frac{bs}{s^2 + \dfrac{\omega_p}{Q}s + \omega_p^2}$$

其中

$$\omega_p = \sqrt{\frac{1}{R_1 R_2 C_1 C_2}} \; , \; b = \frac{-(1 + \dfrac{R_3}{R_4})}{R_1 C_2} \; , \; Q = \frac{\sqrt{R_1 R_2 C_1 C_2}}{R_1(C_1 + C_2) - R_2 C_1(\dfrac{R_3}{R_4})}$$

三、實習步驟：

(一)實驗設備：

1. 電源供應器　　　×1
2. 訊號產生器(FG)　×1

3. 示波器　　　　×1
4. 三用電表　　　×1
5. 麵包板　　　　×1

(二)實驗材料：

電阻	1kΩ×2
電容	0.1μF×1
IC	μA741×1

(三)實驗項目：

1. 一階低通濾波器實驗，電路接線如圖 13-1，其中 OP 偏壓為±15V、$R_1 = 1\text{k}\Omega$、$R_2 = 1\text{k}\Omega$、$C = 0.1\mu\text{F}$，訊號產生器輸出 $v_S = v_i$ 為 $V_{pp} = 10\text{V}$ 之正弦波，定義輸入 v_i 的峰值為 V_{ip}、輸出 v_o 的峰值為 V_{op}、$A_v(\text{dB}) = 20\log(|V_{op}/V_{ip}|)$，分別設定訊號產生器之輸出頻率 f=10Hz、100Hz、330Hz、1kHz、1.6kHz、3.3kHz 及 10kHz，利用示波器量測不同輸入訊號頻率受低通濾波器之影響，計算各頻率條件下之增益值紀錄於下表中。

f(Hz)	10	100	330	1k	1.6k	3.3k	10k
V_{op}							
V_{ip}							
V_{op}/V_{ip}							
A_v(dB)							

依上面實驗所得之數據，做 A_v(dB)對 f 之頻率響應圖，繪於下圖：

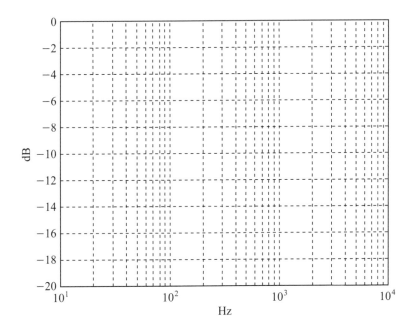

四、電路模擬：

一階低通濾波器 Pspice 模擬電路圖如下：

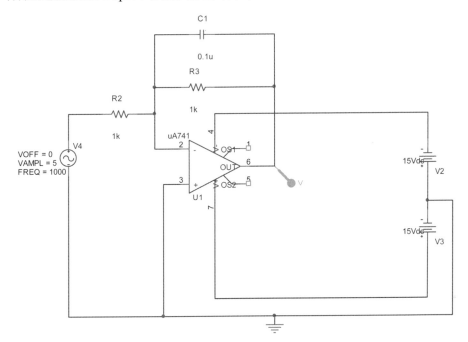

一階低通濾波器之頻率響應圖如下：

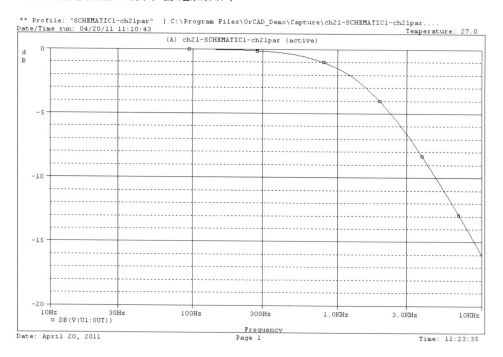

五、問題與討論：

1. 計算上面一階低通濾波的頻寬 $\omega_p=1/(R_2C)$(rad/sec)(ω_p 即為 LPF 的 -3dB 頻寬 (bandwidth)，$\omega_p=2\pi f_p$，故 $f_p=\omega_p/2\pi$(Hz))，在頻率為 f_p 時，量測｜$T(j\omega_p)/k$｜之 值是否降為｜$T(j0)/k$｜值(可用 $f=10$Hz 之值取代)的 $1/\sqrt{2}$ (或 -3dB)。

2. 比較被動式濾波器(passive filter)與主動濾波器(active filter)之差異。那一種濾 波器(被動式濾波器或主動濾波器)較常被使用呢？

3. 濾波器的用途為何？那一種濾波器(低通濾波器、高通濾波器、帶通濾波器或 帶拒濾波器)較常被使用呢？

實習 十四

檢波(Peak Detector)電路實驗

一、實習目的：

了解檢波電路原理與設計。

二、實習原理：

常見的波形偵測電路有(1)峰值檢波電路(peak detector)，(2)零點交越點檢波電路(zero crossing detector)兩種。

(一)峰值檢波電路：

圖 14-1 為峰值檢測電路，用以檢測出訊號之瞬間最大值並予以保持之電路。

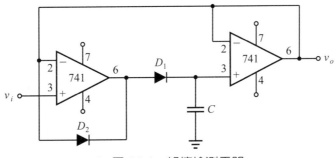

▲ 圖 14-1　峰值檢測電路

圖 14-2 為峰值檢測電路輸入波形與輸出波形之間的關係。

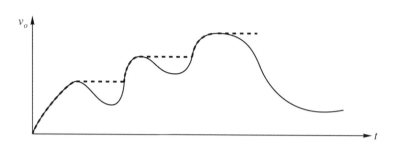

▲ 圖 14-2　峰值檢測電路輸入波形與輸出波形之間的關係

(二)零點交越點檢波電路(zero crossing detector)：

圖 14-3 為零交越點檢測電路。

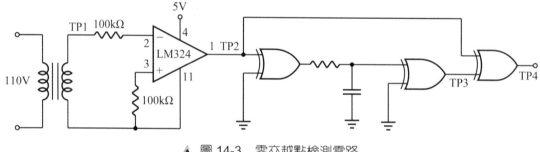

▲ 圖 14-3　零交越點檢測電路

下圖 14-4 為 TP1、TP2、TP3 及 TP4 之波形，TP4 即零交越點之檢出波形。TP4 之脈衝寬度由 $R \times C$ 值決定($R \times C$ 值要很小(R 約數百 Ω，C 約零點幾 μF)，可產生寬度很窄的脈衝(pulse)訊號)。

變壓器二次側(用 0～6V，一組即可)的交流訊號(TP1)，經一比較器得與電源同步之方波(TP2)，此方波經 RC 電路延遲及與 7486 互斥或閘(exclusive OR gate，XOR gate)的作用可得一延遲之方波(TP3)，TP2 之方波與 TP3 之延遲的方波在經另一個 7486 的作用，即可得與電源同步的零點交越訊號檢出脈衝(TP4)。

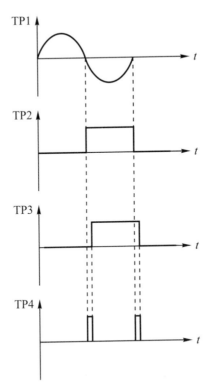

▲ 圖 14-4　TP1、TP2、TP3 及 TP4 之波形

三、實習步驟：

(一)實驗設備：

1. 電源供應器　　　×1
2. 訊號產生器(FG)　×1
3. 示波器　　　　　×1
4. 三用電表　　　　×1
5. 麵包板　　　　　×1

(二)實驗材料：

電阻	620Ω×1, 100kΩ×2
電容	0.1μF×1
二極體	1N4001×2
IC	μA741×2, LM324×1, 7486×1
變壓器	110V→6～0～6V(0.5A)×1

(三)實驗項目：

1. 峰值檢波電路實驗，電路接線如圖 14-1，其中 OP 偏壓為±15V、$C = 0.1\mu F$，輸入 v_i 為 $V_{pp} = 10V$、1kHz 之正弦波，將輸入 v_i 和輸出 v_o 的波形繪於下圖：

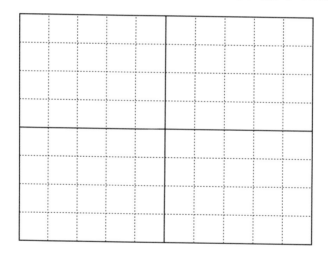

2. 零點交越點檢波電路(zero crossing detector)實驗，電路接線如圖 14-3，其中 OP AMP 用 LM324，偏壓為 5V，$R=620\Omega$，$C=0.1\mu F$，觀察 TP1、TP2、TP3 及 TP4 之波形，繪於下圖(一個圖繪二個波形(TP1，TP4)，另一圖繪(TP2，TP3))：

註 LM324 的接腳編號與 μA741 的編號不同，要以 LM324 的接腳編號接線才可以，本實驗中 LM324 的 pin4 接 5V，pin11 接 GND，pin2 為 inverting input，pin3 為 noninverting input，pin1 為 output。

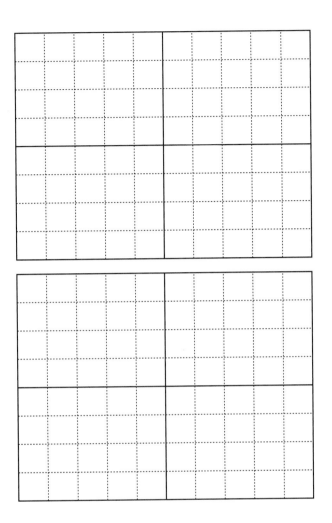

四、電路模擬：

零點交越點檢波電路，Pspice 模擬電路圖如下：

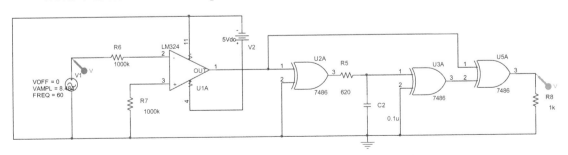

零點交越點檢波電路，輸入、輸出電壓波形如下：

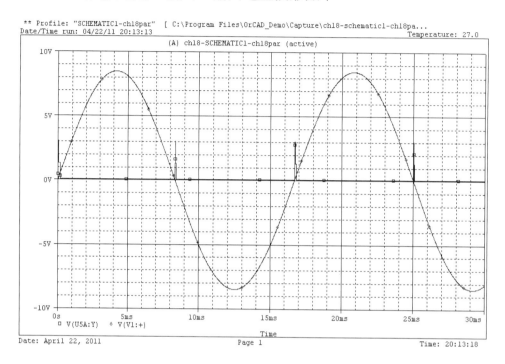

五、問題與討論：

1. 在上面峰值檢波電路實驗中，不斷地改變輸入 v_i 的大小，利用示波器觀察輸出 v_o 的波形。

2. 在上面峰值檢波電路實驗中，逐漸地增加輸入 v_i 的頻率，利用示波器觀察輸出 v_o 的波形。輸入 v_i 的頻率是否有限制呢？

3. 峰值檢波電路(peak detector)應用於何種電路呢？

4. 零點交越點檢波電路(zero crossing detector)應用於何種電路呢？

5. 上網路找 LM324 及 TTL7486 的 data sheet(TTL 為 Transistor-Transistor-Logic 的縮寫)。

實習 十五

電晶體迴授放大器(Feedback Amplifier)實驗

一、實習目的：

了解迴授放大器的原理與設計。

二、實習原理：

將放大器的輸出訊號，回傳至輸入端，與輸入訊號做比較後再送入放大器，形成一閉迴路系統，稱迴授放大器(feedback amplifier)。

迴授(feedback)又可分為正迴授(positive feedback)與負迴授(negative feedback)。正迴授會使得系統產生振盪，所以除了做振盪器以外，很少使用正迴授電路。所以放大器需採用負迴授(negative feedback)、以改善放大器的特性。負迴授的優點有：

1. 增加穩定性(stability)。
2. 增加頻寬(即改善頻率響應，也因此降低失眞)(bandwidth)。
3. 降低外部干擾(例如 noise)對系統的影響。
4. 改善系統的靈敏度(sensitivity)。

負迴授亦有缺點(即需付出的代價)，負迴授會降低整體的增益(gain)。

根據輸入與輸出的訊號類別，迴授放大器可分爲四類：

1. 電壓放大器(Voltage Amplifier)(串-並型迴授放大器)[電壓取樣，電壓比較]。
2. 電流放大器(Current Amplifier)(並-串型迴授放大器)[電流取樣，電流比較]。
3. 互導放大器(Transconductance Amplifier)(串-串型迴授放大器)[電流取樣，電壓比較]。
4. 互阻放大器(Transimpedance Amplifier)(並-並型迴授放大器)[電壓取樣，電流比較]。

(一)串-並型迴授放大器(series-shunt feedback amplifier)：

如圖 15-1 所示，爲一串-並型迴授放大器。

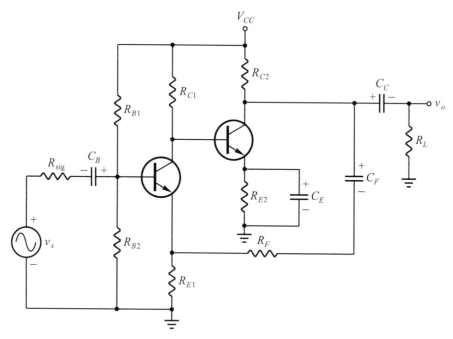

▲ 圖 15-1　串-並型迴授放大器

圖 15-1 中，

$$v_f = R_{E1}/(R_{E1}+R_F) \times v_o = \beta \times v_o$$

其中

$$\beta = R_{E1}/(R_{E1}+R_F)$$

串-並型迴授放大器的迴授電壓 v_f 經輸出電壓 v_o 取樣(v_o 越大，則 v_f 就越大)，再與輸入電壓 v_i 比較[電壓取樣，電壓比較]。

註 圖 15-1 為具串-並型迴授(series-shunt feedback)之直接耦合(direct coupling)串級放大器(cascade amplifier)。

(二)並-串型迴授放大器(shunt-series feedback amplifier)：

如圖 15-2 所示，為一並-串型迴授放大器。

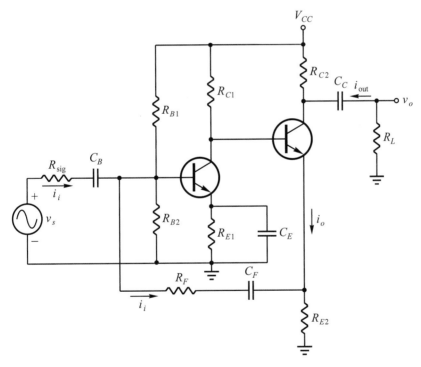

▲ 圖 15-2　並-串型迴授放大器

圖 15-2 中，

$$i_f = \frac{-R_{E2}}{R_F + R_{E2}} \times i_o = \beta \times i_o$$

其中

$$\beta = \frac{-R_{E2}}{R_F + R_{E2}}$$

並-串型迴授放大器的迴授電流 i_f 經輸出電流 i_o 取樣(i_o 越大，則 i_f 就越大)，再與輸入電流 i_i 比較[電流取樣，電流比較]。

註 i_o 並非此放大器的輸出電流，真正的輸出電流是 i_{out}，而 i_o 與 i_{out} 是有關聯的，當 $R_L << R_{C2}$ 時，$i_o \approx i_{out}$。

(三)串-串型迴授放大器(series- series feedback amplifier)：

圖 15-3 與圖 15-4 為串-串型迴授放大器。

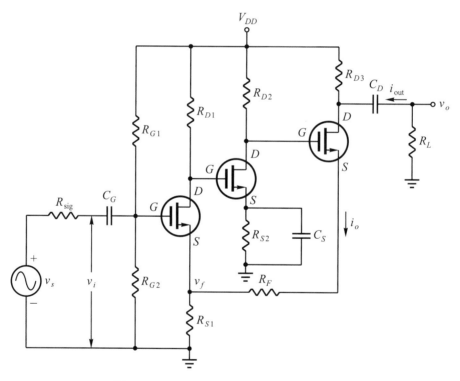

▲ 圖 15-3　串-串型迴授放大器(MOSFET 組成)

圖 15-3 中，當 $R_L << R_{D3}$ 時，$i_o \approx i_{out}$，迴授電壓

$$v_f = \frac{R_{S1}}{R_{S1} + R_F} i_o = \beta i_o \tag{15-1}$$

其中

$$\beta = \frac{v_f}{i_o} = \frac{R_{S1}}{R_{S1} + R_F}$$

註 i_o 並非此放大器的輸出電流，真正的輸出電流是 i_{out}，i_o 與 i_{out} 間是有關聯的，當 $R_L \ll R_{D3}$ 時，$i_o \approx i_{out}$。

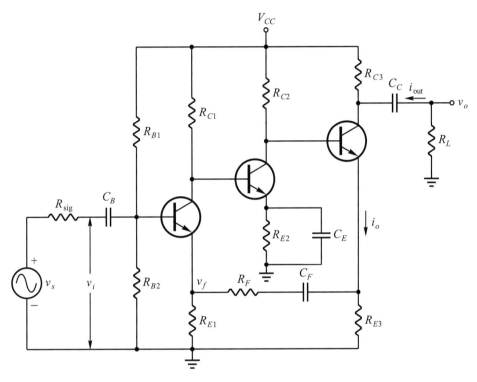

▲ 圖 15-4　串-串型迴授放大器(BJT 組成)

圖 15-4 中，當 $R_L \ll R_{C3}$ 時，$i_o \approx i_{out}$，迴授電壓

$$v_f = \frac{R_{E1}R_{E3}}{R_{E1} + R_F + R_{E3}} \times i_o = \beta \times i_o \tag{15-2}$$

其中

$$\beta = \frac{v_f}{i_o} = \frac{R_{E1}R_{E3}}{R_{E1} + R_F + R_{E3}}$$

註 i_o 並非此放大器的輸出電流，真正的輸出電流是 i_{out}，i_o 與 i_{out} 間是有關聯的，當 $R_L \ll R_{C3}$ 時，$i_o \approx i_{out}$。

串-串型迴授放大器的迴授電壓 v_f 經由輸出電流 i_o 取樣(即 i_o 越大,則 v_f 越大),再與輸入電壓 v_i 比較($v_i \approx v_s$)[電流取樣,電壓比較]。

(四)並-並型迴授放大器(shunt- shunt feedback amplifier):

如圖 15-5 為一並-並型迴授放大器。

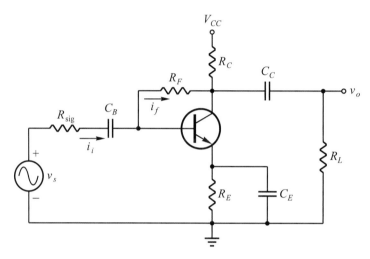

▲ 圖 15-5 並-並型迴授放大器

圖 15-5 中,

$$i_f = \frac{-1}{R_F} \times v_o = \beta \times v_o$$

其中

$$\beta = \frac{-1}{R_F}$$

並-並型迴授放大器的迴授電流 i_f 經輸出電壓 v_o 取樣(即 v_o 越大,則 i_f 越大),再與輸入電流 i_i 比較[電壓取樣,電流比較]。

串-並型迴授放大器方塊圖(電壓放大器),如圖 15-6 所示:

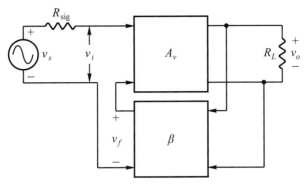

▲ 圖 15-6 電壓放大器方塊圖

閉迴路的輸入電阻 $R_{if}=(1+\beta A_v)R_i$，輸出電阻 $R_{of}=(R_o/(1+\beta A_v))$，迴授增益

$$\beta=\frac{v_f}{v_o} \tag{15-3}$$

因此閉迴路電壓增益為

$$A_{vf}=\frac{v_o}{v_i}=\frac{A_v}{1+\beta A_v} \tag{15-4}$$

並-串型迴授放大器方塊圖(電流放大器)，如圖 15-7 所示：

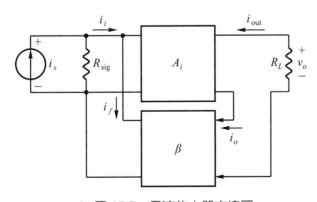

▲ 圖 15-7 電流放大器方塊圖

因此閉迴路電流增益為

$$A_{if}=\frac{i_o}{i_i}=\frac{A_i}{1+\beta A_i} \tag{15-5}$$

閉迴路的輸入電阻 $R_{if}=R_i/(1+\beta A_i)$，輸出電阻 $R_{of}=(1+\beta A_i)R_o$，迴授增益

$$\beta = \frac{i_f}{i_o} \tag{15-6}$$

串-串型迴授放大器方塊圖(互導放大器)，如圖 15-8 所示：

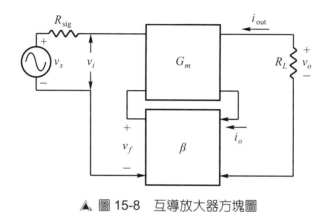

▲ 圖 15-8　互導放大器方塊圖

閉迴路的輸入電阻 $R_{if}=(1+\beta G_m)R_i$，輸出電阻 $R_{of}=(1+\beta G_m)R_o$，迴授增益

$$\beta = \frac{v_f}{i_o} \tag{15-7}$$

因此閉迴路互導增益為

$$G_{mf} = \frac{i_o}{v_i} = \frac{G_m}{1+\beta G_m} \tag{15-8}$$

並-並型迴授放大器的方塊圖(互阻放大器)，如圖 15-9 所示：

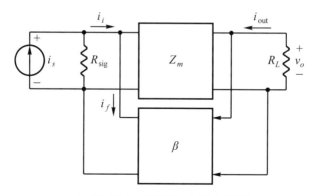

▲ 圖 15-9　互阻放大器方塊圖

閉迴路的輸入電阻 $R_{if}=R_i/(1+\beta Z_m)$，輸出電阻 $R_{of}=R_o/(1+\beta Z_m)$，迴授增益

$$\beta = \frac{i_f}{v_o} \tag{15-9}$$

因此閉迴路互阻增益為

$$Z_{mf} = \frac{v_o}{i_i} = \frac{Z_m}{1+\beta Z_m} \tag{15-10}$$

下列各種迴授放大器的特性：

電路架構	比較訊號	取樣訊號	開路增益	閉迴路增益	β
串-並	v_i	v_o	A_v	$A_v/(1+\beta A_v)$	v_f/v_o
並-串	i_i	i_o	A_i	$A_i/(1+\beta A_i)$	i_f/i_o
串-串	v_i	i_o	G_m	$G_m/(1+\beta G_m)$	v_f/i_o
並-並	i_i	v_o	Z_m	$Z_m/(1+\beta Z_m)$	i_f/v_o

電路架構	電路名稱	閉迴路輸入阻抗	閉迴路輸出阻抗
串-並	電壓放大器	$(1+\beta A_v)R_i$	$R_o/(1+\beta A_v)$
並-串	電流放大器	$R_i/(1+\beta A_i)$	$(1+\beta A_i)R_o$
串-串	互導放大器	$(1+\beta G_m)R_i$	$(1+\beta G_m)R_o$
並-並	互阻放大器	$R_i/(1+\beta Z_m)$	$R_o/(1+\beta Z_m)$

迴授電路架構	串-並	並-串	串-串	並-並
迴授電路名稱	電壓放大器	電流放大器	互導放大器	互阻放大器
比較訊號	v_i	i_i	v_i	i_i
取樣訊號	v_o	i_o	i_o	v_o
開路增益	A_v	A_i	G_m	Z_m
閉迴路增益	$A_v/(1+\beta A_v)$	$A_i/(1+\beta A_i)$	$G_m/(1+\beta G_m)$	$Z_m/(1+\beta Z_m)$
迴授增益 β	v_f/v_o	i_f/i_o	v_f/i_o	i_f/v_o
閉迴路輸入阻抗	$(1+\beta A_v)R_i$	$R_i/(1+\beta A_i)$	$(1+\beta G_m)R_i$	$R_i/(1+\beta Z_m)$
閉迴路輸出阻抗	$R_o/(1+\beta A_v)$	$(1+\beta A_i)R_o$	$(1+\beta G_m)R_o$	$R_o/(1+\beta Z_m)$

三、實習步驟：

(一)實驗設備：

1. 電源供應器　　　×1
2. 訊號產生器(FG)　×1
3. 示波器　　　　　×1
4. 三用電表　　　　×1
5. 麵包板　　　　　×1

(二)實驗材料：

電阻	200Ω×1, 1.2kΩ×1, 4.7kΩ×1, 5.1kΩ×1, 6.8kΩ×2, 22kΩ×1, 300kΩ×1
電解電容	10μF×3, 47μF×1
電晶體	C9013×2(TO-92 包裝)npn transistor(接腳 bottom view 從左至右 EBC)

(三)實驗項目：

1. 串-並型迴授放大器(series-shunt feedback amplifier)實驗[電壓取樣，電壓比較]，電路接線如圖 15-1，其中 $V_{CC} = 15\text{V}$ 、 $R_{B1} = 300\text{k}\Omega$ 、 $R_{B2} = 22\text{k}\Omega$ 、 $R_{C1} = 6.8\text{k}\Omega$ 、 $R_{E1} = 200\Omega$ 、 $R_{C2} = 1.2\text{k}\Omega$ 、 $R_{E2} = 5.1\text{k}\Omega$ 、 $R_L = 4.7\text{k}\Omega$ 、 $R_F = 6.8\text{k}\Omega$ 、 $C_E = 47\mu\text{F}$ ，其餘所有電容均為 10μF，理論上串-並型迴授放大器的迴授增益 $\beta = R_{E1}/(R_{E1}+R_F) = 0.2/(0.2+6.8) = 1/35$ ，閉迴路增益 $= A_v/(1+\beta A_v)$ 。若迴路增益 $\beta A_v >> 1$ ，則閉迴路增益 $= A_v/(1+\beta A_v) \approx 1/\beta \approx 35$ ，並做(直流偏壓)實驗完成下表：

V_{B1}	V_{C1}	V_{E1}	V_{CE1}	I_{E1}	I_{C1}	I_{B1}

V_{B2}	V_{C2}	V_{E2}	V_{CE2}	I_{E2}	I_{C2}	I_{B2}

再將訊號產生器輸出 $v_s=v_i$ 調整為 $V_{pp}=40\text{mV}\sim80\text{mV}$ 之正弦波，定義輸入 v_i 的峰值為 V_{ip}、輸出 v_o 的峰值為 V_{op}、$A_v(\text{dB})=20\log(|V_{op}/V_{ip}|)$，分別設定訊號產生器之輸出頻率 f=100Hz、330Hz、1kHz、3.3kHz、10kHz、33kHz、100kHz，利用示波器量測不同輸入訊號頻率對放大器電壓放大率之影響，計算各頻率條件下之增益值紀錄於下表中。

註 可視實際狀況減少輸入訊號的振幅，以避免輸出飽和。

f(Hz)	100	330	1k	3.3k	10k	33k	100k
V_{op}							
V_{ip}							
V_{op}/V_{ip}							
A_v(dB)							

依上面實驗所得之數據，做 $A_v(\text{dB})$對 f 之頻率響應圖，繪於下圖：

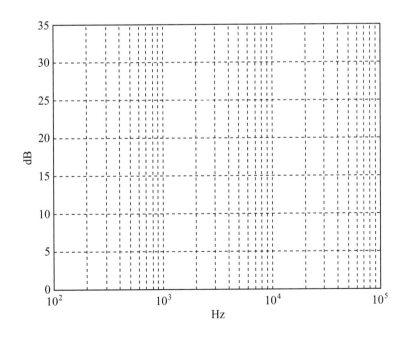

四、電路模擬：

串-並型迴授放大器 Pspice 模擬電路圖如下：

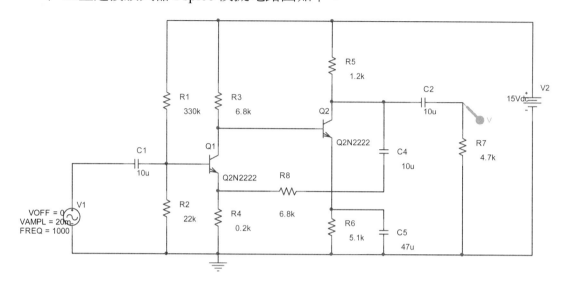

1. 串-並型迴授放大器輸入、輸出電壓波形如下：

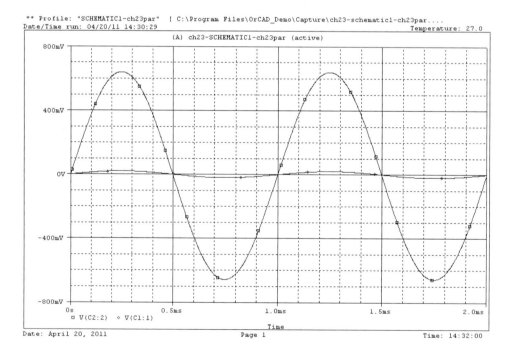

2. 串-並型迴授放大器之頻率響應圖如下：

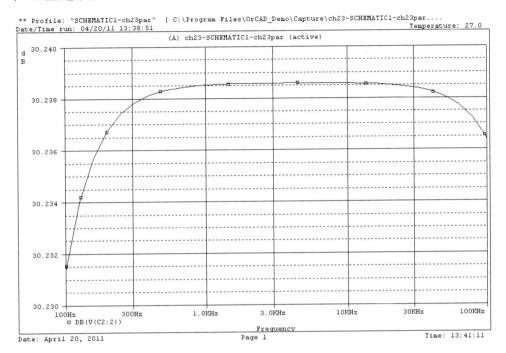

五、問題與討論：

1. 比較上面串-並型迴授放大器之閉迴路增益的理論值(若迴路增益 $\beta A_v \gg 1$，則 $A_v/(1+\beta A_v) \approx 1/\beta \approx 35$)和實驗值。閉迴路增益與負載 R_L 的大小有關嗎？

2. 討論迴授放大器的特性。

3. 那一種迴授放大器(串-並型迴授放大器、並-串型迴授放大器、串-串型迴授放大器或並-並型迴授放大器)較常被使用呢？

4. 通常迴授放大器電路應用於何種場合呢？

實習 十六

輸出級(Output Stage)功率(Power)放大器實驗

一、實習目的：

了解輸出級功率放大器的原理與設計。

二、實習原理：

通常前級放大器(pre-amplifier)的功能是將微弱的訊號加以放大，著重於電壓增益（voltage gain）的設計，但前級放大器的輸出電阻過高，無法直接驅動負載（例如喇叭或馬達等），所以要加入輸出級功率放大器(output stage power amplifier)，功率放大器著重於電流增益的設計，且降低輸出電阻，以增強驅動負載的能力。

一般音頻(audio frequency)電路的功率放大器(power amplifier)可區分為：

1. A 類放大器(A-class amplifier)
2. B 類放大器(B-class amplifier)
3. AB 類放大器(AB-class amplifier)

註 在馬達驅動電路中，B 類放大器常與 PWM 電路配合，以克服零交越失真(zero crossing distortion)問題。

註 功率放大器還有 C-class、D-class 及 E-class 等，這些是屬於高頻功率放大器。

A 類放大器的線性度(linearity)最高(即失真最小)，但效率最差。

B 類放大器因電晶體導通時，有 cut-in voltage 的條件，所以有零交越失真，但效率最高。

AB 類放大器，因額外加入適當的順向偏壓，減少了 B 類放大器零交越失真的問題，且效率又接近 B 類放大器，為目前最廣泛使用的音頻功率放大器，但電路最複雜。

B 類放大器又稱為推挽式放大器(push-pull amplifier)，前面 BJT 放大器實驗所學的共射極放大器、共集極放大器、共基極放大器或 MOSFET 放大器實驗中的共源極、共汲極、共閘極放大器均屬於 A 類放大器，其中以共集極或共汲極因其輸出電阻較低，故有較佳的驅動能力。

(一)A 類放大器：

A 類放大器輸入訊號 v_i 與輸出訊號 v_o 間的轉移曲線，如圖 16-1 所示：

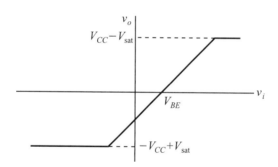

▲ 圖 16-1　A 類放大器輸入訊號 v_i 與輸出訊號 v_o 的轉移曲線

(二)B 類放大器：

圖 16-2 為一典型推挽式放大器(B 類放大器)。

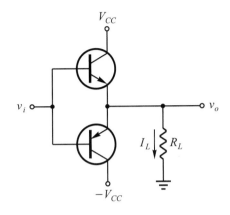

▲ 圖 16-2 典型推挽式放大器

圖 16-3 為 B 類放大器之轉移曲線(其中 $V_{BE} \approx 0.5V$)。

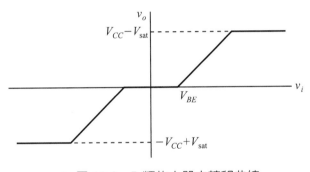

▲ 圖 16-3 B 類放大器之轉移曲線

(三)AB 類放大器：

圖 16-4 為實際 AB 類放大器電路，半可變電阻 VR 是用來調整電晶體的靜態電流，達靈頓對(Darlington pair)可提高電流增益。

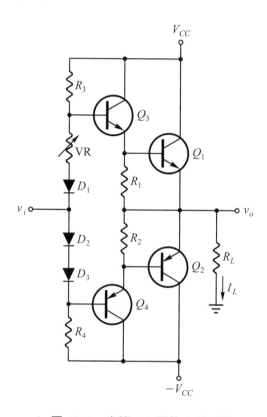

▲ 圖 16-4　實際 AB 類放大器電路

圖 16-5 為 AB 類放大器的轉移曲線。

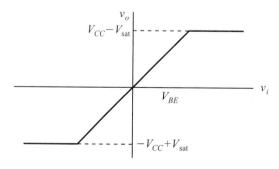

▲ 圖 16-5　AB 類放大器的轉移曲線

　　AB 類放大器加入額外的偏壓，減少了零交越失真的問題，因此改善了線性度，但與 B 類放大器比較，AB 類放大器的電路的效率比 B 類的稍差，且變得更複雜。越複雜的電路，其製造價格越高。

註 除了 A、B 及 AB 類放大器外，還有 C、D、E 及 F 類放大器，A、B 及 AB 類為音頻(audio frequency)放大器，C 類為射頻(radio frequency)放大器，C 類的效率比 B 類高，但線性度變差(失真變大)，而 D、E 及 F 類屬於切換模式(switching-mode)放大器，其效率比 B 類高，但輸出含許多諧波成分，需要額外較大的濾波器來去除這些諧波。音頻：20Hz~20kHz，射頻：3Hz~300GHz。

註 功率電晶體有散熱的問題，熱會造成熱崩潰(thermal breakdown)或產生熱雜訊(thermal noise)，因此功率電晶體需加裝散熱片(愈大愈好，但還是要有成本及體積大小的考量)，以幫助功率電晶體散熱，在適當散熱片的協助下，功率電晶體才能達到額定的輸出，如何有效地散熱是一門專門的課題。

三、實習步驟：

(一)實驗設備：

1. 電源供應器　　　×1
2. 訊號產生器(FG)　×1
3. 示波器　　　　　×1
4. 三用電表　　　　×1
5. 麵包板　　　　　×1

(二)實驗材料：

電阻	1kΩ×2
電晶體	MJE3055T×1(TO-220 包裝)npn power transistor(接腳 bottom view 從左至右 BCE)
電晶體	MJE2955T×1(TO-220 包裝)pnp power transistor(接腳 bottom view 從左至右 BCE)

(三)實驗項目：

　　power transistor 通常較貴，所以本實驗可用 C9013 及 C9012 取代。

註 C9013 及 C9012 不是 power transistor，故僅示範小負載驅動實驗。

1. B 類放大器(典型推挽式放大器)實驗，電路接線如圖 16-2(在這實驗中，要在輸入訊號源與基極間串一電阻 $R_B = 1\text{k}\Omega$)，其中 $V_{CC} = 12\text{V}$、$R_L = 1\text{k}\Omega$，v_i 約為 $V_{pp} = 2\text{V} \sim 3\text{V}$ 之 1kHz 正弦波，將輸入 v_i 及輸出 v_o 的波形繪於下圖：

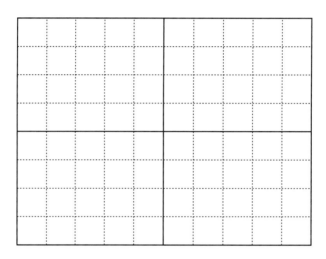

利用示波器 X-Y mode(DC coupling)，將輸入 v_i(CH1)和輸出 v_o(CH2)的特性曲線繪於下圖：

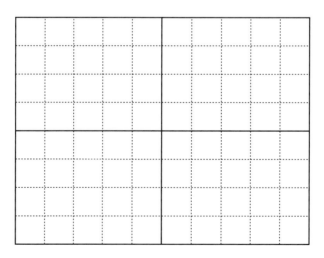

通常利用脈波寬調變(pulse width modulation，PWM)來克服零交越失真問題，將輸入訊號 v_i 調為約 $V_{PP} = 2\text{V} \sim 3\text{V}$ 之 1kHz 方波，觀察輸出 v_o 的波形，並將輸入 v_i 和及輸出 v_o 的波形繪於下圖：

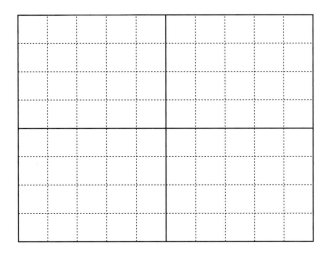

四、電路模擬：

(一)B 類放大器之 Pspice 模擬電路圖如下：

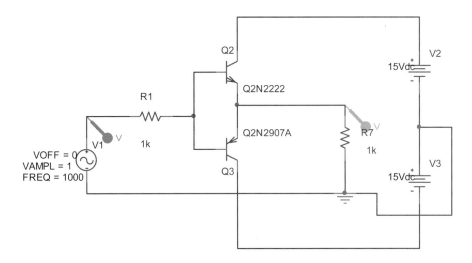

1. B類放大器，輸入、輸出電壓波形如下：

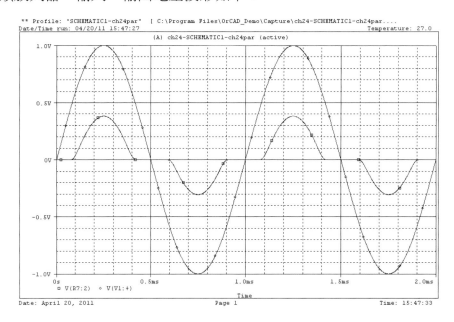

2. B類放大器之特性曲線圖如下：

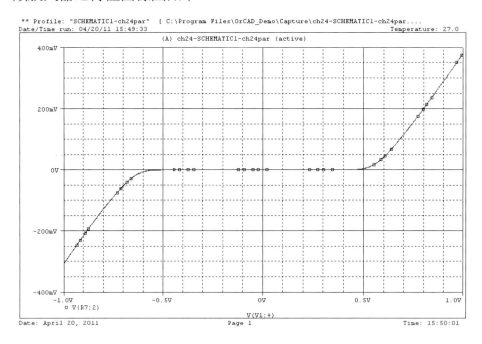

(二)AB 類放大器之 Pspice 模擬電路圖如下：

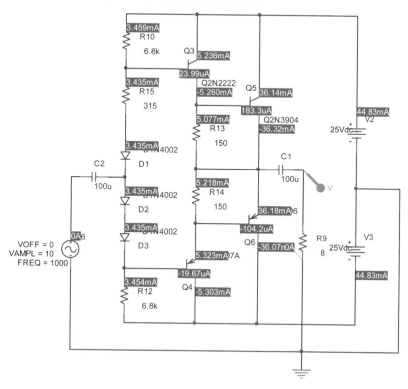

1. AB 類放大器，輸入、輸出電壓波形如下：

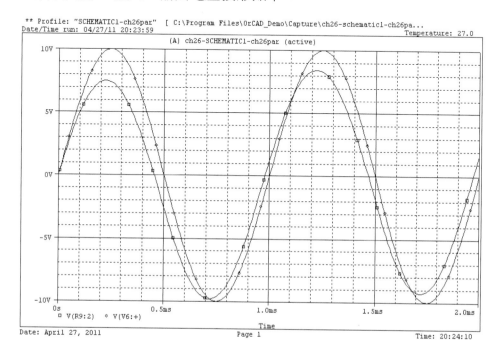

2. AB 類放大器之特性曲線圖如下：

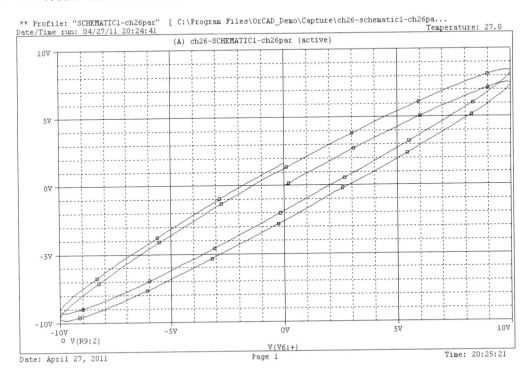

五、問題與討論：

1. 在上面 B 類放大器實驗中，逐漸增大輸入訊號 v_i 之 V_{pp}，觀察輸出 v_o 的波形及特性曲線圖有何變化呢？
2. 音響放大器通常會採用那些類型的放大器製作呢？優缺點又為何呢？
3. 那一類的功率放大器，頻率響應最好呢？
4. 回想一下，以前有沒有做過 A 類放大器的實驗呢？
5. 上網路找 MJE3055T 及 MJE2955T 的 data sheet。

實習 十七

類比數位轉換(AD/DA Converter)電路實驗

一、實習目的：

了解類比訊號與數位訊號的轉換電路。

二、實習原理：

自動化的過程中，常用的微處理器(或數位計算機)可快速處理大量的數位訊號，但大部分的物理訊號，均為類比的形式，所以要利用微處理器處理或分析這些類比的物理訊號，必須先將他們數位化(digitalized)，因此需要類比-數位轉換器(Analog-to-Digital converter，ADC)來將這些類比物理量數位化。同樣地，經過分析或處理過的數位訊號需轉換成類比的形式才能被用來控制類比形式的驅動器(actuator)，因此又需要數位-類比轉換器(Digital-to-Analog converter，DAC)。

目前常用的 ADC 與 DAC 的解析度有 8 位元(8-bit)，12 位元(12-bit)，16 位元(16-bit)，甚至於更高的位元都有。當然位元數越高，解析度越佳，價格越貴。

也有單極性(unipolar)及雙極性(bipolar)的形式。雖然它們的轉換方式有許多種類，但使用者通常可以不用知道這些細節，使用者只需知道轉換速度多快，是單極性或雙極性，還有位元數這三個因素即可，DAC 一般速度均很快(達奈秒(nano second)等級)，故通常 DAC 的轉換速度不會是使用上的考量。ADC 的轉換速度是使用上的重要考量，一般的轉換速度約在微秒(μs)等級，當然轉換速度越快，價格越高。

另一個使用上要注意的事是類比電壓值與數位值間的轉換格式(format)，即 coding 問題，目前 ADC 和 DAC 有許多 coding 方式(又分單極性和雙極性)。ADC 的轉換方式有追蹤型(tracking)，積分型(integration)，逐漸比較型 (successive-approximation)與並列比較型(parallel-comparator)等不同的轉換方式。

ADC 的解析度越高，轉換速度越快，則售價越高。其中以逐漸比較型最為普通，並列比較型的轉換速度(conversion speed)最快。

典型的 D/A 有：

型號	位元數	轉換時間
DAC0800	8-bit	135ns
AD565	12-bit	400ns

典型的 A/D 有：

型號	位元數	轉換時間
ADC0804	8-bit	114μs
ADC825	8-bit	1μs
AD574A	12-bit	35μs

12-bit 的並列比較型 A/D，轉換時間可快至 500ns(例如 ADC500)。單極性的轉換碼(coding)方式較簡單，常用的 coding 方式有直接的二進制碼(straight binary code，SBC)，以 4-bit 為例，SBC coding 方式如下表(類比輸入電壓 0V～10V)：

電壓值	類比量	SBC
15×0.625=9.375V	+Full Scale	1111
⋮	⋮	⋮
2×0.625=1.25V	(0+2)digit	0010
0.625V	(0+1)digit	0001
0V	0	0000

　　單極性(1 digit)的電壓解析度$=10V/2^N$；此例 N=4(N 為 bit 數)，所以此例中單極性(1 digit)的電壓解析度=0.625V。

　　常見的雙極性轉換碼(coding)方式有：

1. 偏移二進制碼[offset binary code (OBC)]。
2. 二補數碼[2's complementary code (TSC)]。

　　同樣以 4-bit 為例，OBC 及 TSC coding 方式如下表(類比輸入電壓－5V～+5V)：

電壓值	類比量	OBC	TSC
+7×0.625=4.375V	+Full scale	1111	0111
⋮	⋮	⋮	⋮
+0.625V	(0+1) digit	1001	0001
0V	0	1000	0000
−0.625V	(0−1)digit	0111	1111
⋮	⋮	⋮	⋮
−8×0.625=−5V	−Full Scale	0000	1000

　　雙極性(1 digit)的電壓解析度$=(5V-(-5V))/2^N$；此例 N=4(N 為 bit 數)，所以此例中雙極性(1 digit)的電壓解析度=0.625V。

　　A/D 與 D/A 單極性或雙極性的接線圖及類比訊號和數位訊號之間的轉換碼(code)，需詳查該特定型號的 data sheet。

　　ADC 與微處理之間的常用溝通方式有三種：

1. 利用中斷方式(或稱交握式)：當 ADC 轉換完成後，會產生一轉換完成(End of Conversion)訊號(一般為 Low level)，利用此訊號產生一外部中斷，再利用中斷服務程式(interrupt service routine)，將轉換好的數位資料讀入(read)微處理機。
2. 利用詢問的方式(或稱 polling)：當 ADC 轉換完成後，會產生一轉換完成訊號，微處理機隨時讀取這個訊號，看看轉換是否完成，待確定轉換已完成，再將轉換好的數位資料讀入微處理機。用 polling 的方式隨時要詢問是否轉換完成，因此非常沒有效率。

3. 利用自動連續轉換(auto successive conversion)的方式(或稱 free run)：ADC 可以透過特定的接線方式，可自動連續地完成轉換動作，微處理機只需要做讀取數位資料的動作即可，雖然方法十分簡單，但這種自動轉換方式，有可能讓微處理機讀取到錯誤的數位資料，在使用這種方式時，宜注意這點。

ADC 轉換的另一個要角是取樣保持器(Sample and Hold，S/H)，當 ADC 在轉換期間，輸入的類比訊號電壓值盡量要保持定值，我們可利用取樣保持器將類比訊號的瞬間值予以取樣，同時將此瞬間值保持下去。典型的取樣保持器有 LF398 系列。ADC 與 S/H 間的連接電路亦需參考 data sheet。

圖 17-1 為典型 ADC 與 DAC 之接線圖。

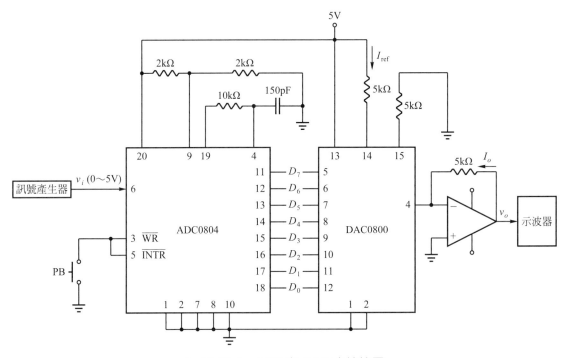

▲ 圖 17-1　ADC 與 DAC 之接線圖

在圖 17-1 中，從訊號產生器產生一輸入訊號 v_i (必須在 0～5V 的準位)，按 PB(push button)一下(隨即放開)，產生一個 start conversion 的脈衝(pulse)(low enable)，ADC0804 開始將類比訊號轉換成數位訊號，待轉換完成後，會產生一 $\overline{\text{INTR}}$ 訊號，此 $\overline{\text{INTR}}$ 訊號，又接至 $\overline{\text{WR}}$ 的輸入端，此舉將開啟新一次的轉換動作(即採用自動連續轉換(auto successive conversion)方式)，ADC 輸出的數位訊號(D0～D7)

又傳入 DAC 的輸入端，DAC 將此數位訊號轉換成類比訊號 v_o，可在示波器上看到與輸入訊號 v_i 一模一樣的波形(即 $v_o \approx v_i$)。輸出訊號 v_o 與數位訊號(D0～D7)的關係如下：

$$I_{ref} = \frac{5V}{5k} = 1mA \tag{17-1}$$

$$I_o = \frac{\text{數位輸入值}}{256} \times I_{ref} = \frac{\text{數位輸入值}}{256} \times 1mA \tag{17-2}$$

數位輸入值為 0～255(8-bit)，故 I_o 在 0mA～1mA 之間，輸出電壓 $v_o = I_o \times 5k$，故 v_o 在 0V～5V 之間。

註　ADC0804 的第 9 腳需輸入 $V_{ref}/2 = 5V/2 = 2.5V$ 之電壓，所以 2 個 2k 電阻盡量挑選接近值，或用可變電阻調整。詳細的接線圖需參考 data sheet。

三、實習步驟：

(一)實驗設備：

1. 電源供應器　　×1
2. 訊號產生器(FG)　×1
3. 示波器　　　　×1
4. 三用電表　　　×1
5. 麵包板　　　　×1

(二)實驗材料：

電阻	2kΩ×2, 5kΩ×3(1/2W 有 5kΩ 電阻，或用 5.1kΩ 取代也可以), 10kΩ×1
電容	150pF×1
IC	ADC0804×1, DAC0800×1, μA741×1
開關	PB(小型 push button，a 接點)×1

(三)實驗項目：

由於本實驗使用單極性 ADC 與 DAC 之轉換，所以輸入訊號必需在 0V～5V 之間(要調整訊號產生器的 DC offset)。

1. 將訊號產生器調為正弦波(V_{pp}=5V，0V～5V 之正弦波)；頻率約為 1kHz，使用示波器觀察輸入訊號。

2. 請依圖 17-1 接線。

3. 使用示波器觀察輸出 v_o 電壓波形，觀察其輸出波形是否與輸入波形相同？並且將輸入與輸出波形繪製於圖 17-2 中。

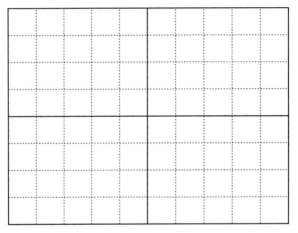

▲ 圖 17-2　輸入與輸出波形圖

4. 將訊號產生器更換成不同頻率、不同電壓及不同波形(方波或三角波)，觀察其輸入與輸出波形。

四、電路模擬：

ADC 與 DAC 之轉換，Pspice 模擬電路圖如下：

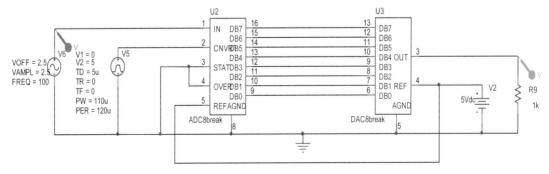

ADC 與 DAC 之轉換，輸入、輸出電壓波形如下：

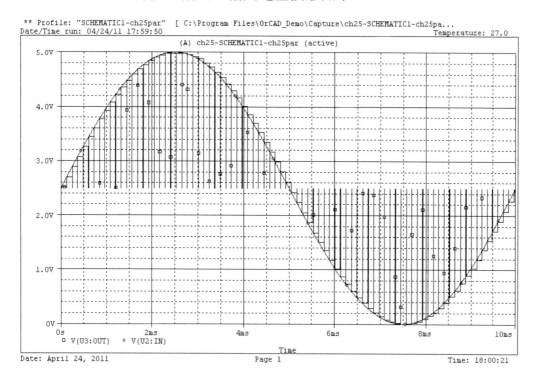

五、問題與討論：

1. 輸入訊號的頻率是否有限制，你將輸入訊號的頻率逐漸增加，觀察輸出波形有何變化？

2. ADC0804 和 DAC0800 可不可以處理雙極性轉換問題？有那些 ADC 和 DAC 可以處理雙極性轉換問題？雙極性轉換電路與單極性轉換電路有何不同？

3. ADC 和 DAC 常用於何種場何呢？

4. 目前 ADC 和 DAC 最常被使用的位元數為何(8-bit or 12-bit or 16-bit)？選擇位元數的考量因素又為何？

5. 上網路找 ADC0804 和 DAC0800 的 data sheet。

　　電子實習零件列表(若無特別說明,則電阻規格均爲 1/4W,電解電容耐壓 35V,可變電阻爲 B 類直線型)。

實習一、運算放大器基本電路-反相、非反相放大器實驗材料:

電阻	1kΩ×1,5.1kΩ×1,10kΩ×5,51kΩ×1,100kΩ×1
可變電阻	5kΩ×1
IC	μA741×1

實習二、運算放大器之加法器與減法器實驗材料:

電阻	1kΩ×1,5.1kΩ×2,10kΩ×5,51kΩ×1,100kΩ×1
可變電阻	10kΩ×1
IC	μA741×2

實習三、運算放大器之積分器與微分器實驗材料:

電阻	100Ω×1,1kΩ×2,10kΩ×2,1MΩ×1
電容	1pF×1,0.01μF×1,0.1μF×1
IC	μA741×1

實習四、運算放大器之儀表放大器(Instrumentation Amplifier)電路實驗
材料：

電阻	10kΩ×5，20kΩ×1
IC	μA741×3

實習五、運算放大器之比較器(Comparator)實驗材料：

電阻	1kΩ×1，10kΩ×1
可變電阻	10kΩ×1
IC	μA741×1

實習六、運算放大器之精密(Precision)整流(Rectifier)電路實驗材料：

電阻	1kΩ×3
二極體	1N4001×2
IC	μA741×2

實習七、穩壓(Voltage Regulator)電路實驗材料：

電阻	5Ω(5W)×2，10Ω(3W)×2，100Ω×2
電容	0.1μF×2
電解電容	47μF×2
二極體	1N4001×4
變壓器	110V→6~0~6V(0.5A)×1
IC	7805(0.5A)×1，7905(0.5A)×1

實習八、定電流(Constant Current)電路實驗材料：

電阻	0.5Ω(1W)×1，1.2Ω(2W)×1，2Ω(2W)×1，20Ω×1
電晶體	MJE3055T×1(TO-220 包裝)npn power transistor(接腳 bottom view 從左至右 BCE)
IC	μA741×1

實習九、低頻正弦波(Sinusoidal Wave)振盪器(Oscillator)實驗材料：

電阻	1kΩ×1
可變電阻	5kΩ×1，10kΩ×2
電容	0.1μF×2
IC	μA741×1

實習十、高頻正弦波(Sinusoidal Wave)振盪器(Oscillator)實驗材料：

電阻	1kΩ×1
可變電阻	5kΩ×1
電容	0.1μF(104)×1，0.22μF(224)×1
電感	330μH×1，820μH×1
IC	μA741×1

實習十一、方波(Squared Wave)與三角波(Triangular Wave)產生器實驗材料：

電阻	10kΩ×2
可變電阻	20kΩ×1
電容	1nF×1，0.1μF×1
IC	LM566C×1

實習十二、多諧振盪器(Multivibrator)實驗材料：

電阻	2.2kΩ×1
可變電阻	50kΩ×1
電容	0.01μF×1，0.1μF×1
IC	IC-555×1

實習十三、主動濾波器(Active Filter)電路實驗材料：

電阻	1kΩ×2
電容	0.1μF×1
IC	μA741×1

實習十四、檢波(Peak Detector)電路實驗材料：

電阻	620Ω×1，100kΩ×2
電容	0.1μF×1
二極體	1N4001×2
IC	μA741×2，LM324×1，7486×1
變壓器	110V→6~0~6V(0.5A)×1

實習十五、電晶體迴授放大器(Feedback Amplifier)實驗材料：

電阻	200Ω×1，1.2kΩ×1，4.7kΩ×1，5.1kΩ×1，6.8kΩ×2，22kΩ×1，300kΩ×1
電解電容	10μF×3，47μF×1
電晶體	C9013×2(TO-92 包裝)npn transistor(接腳 bottom view 從左至右 EBC)

實習十六、輸出級(Output Stage)功率(Power)放大器實驗材料：

電阻	1kΩ×2
電晶體	MJE3055T×1(TO-220 包裝)npn power transistor(接腳 bottom view 從左至右 BCE)
電晶體	MJE2955T×1(TO-220 包裝)pnp power transistor(接腳 bottom view 從左至右 BCE)

power transistor 通常較貴，所以本實驗可用 C9013 及 C9012 取代。

註 C9013 及 C9012 不是 power transistor，故僅示範小負載驅動實驗。

實習十七、類比數位轉換(AD/DA Converter)電路實驗材料：

電阻	2kΩ×2，5kΩ×3(1/2W 有 5kΩ 電阻，或用 5.1kΩ 取代也可以)，10kΩ×1
電容	150pF×1
IC	ADC0804×1，DAC0800×1，μA741×1
開關	PB(小型 push button，a 接點)×1

二、全書實習材料零件總表

(若無特別說明電阻規格均為 1/4W，電解電容耐壓 35V，可變電阻為 B 類直線型)。

項次	名稱	規格	數量	備註
1	電阻	0.5Ω (1W)	1	
2	電阻	1.2Ω (2W)	1	
3	電阻	2Ω (2W)	1	
4	電阻	20Ω	1	
5	電阻	5Ω (5W)	2	
6	電阻	10Ω (3W)	2	
7	電阻	100Ω	2	
8	電阻	200Ω	1	
9	電阻	620Ω	1	
10	電阻	1kΩ	3	
11	電阻	1.2kΩ	1	
12	電阻	2kΩ	2	
13	電阻	2.2kΩ	1	
14	電阻	4.7kΩ	1	
15	電阻	5kΩ	3	1/2W 有 5kΩ 電阻，或用 5.1kΩ 取代也可以
16	電阻	5.1kΩ	2	
17	電阻	6.8kΩ	2	
18	電阻	10kΩ	5	
19	電阻	20kΩ	1	
20	電阻	22kΩ	1	

項次	名稱	規格	數量	備註
21	電阻	51kΩ	1	
22	電阻	100kΩ	2	
23	電阻	300kΩ	1	
24	電阻	1MΩ	1	
25	可變電阻	5kΩ	2	
26	可變電阻	10kΩ	1	
27	可變電阻	20kΩ	1	
28	可變電阻	50kΩ	1	
29	電容	1nF	1	
30	電容	1pF	1	
31	電容	150pF	1	
32	電容	0.01μF	1	
33	電容	0.1μF	2	
34	電容	0.22μF (224)	1	
35	電解電容	10μF	3	
36	電解電容	47μF	2	
37	電感	330μH	1	
38	電感	820μH	1	
39	二極體	1N4001	4	
40	變壓器	110V→6~0~6V (0.5A)	1	
41	IC	MJE3055T(TO-220 包裝) npn power transistor	1	
42	IC	C9013 (TO-92 包裝) npn transistor	2	

項次	名稱	規格	數量	備註
43	IC	C9012 (TO-92 包裝) pnp transistor	1	
44	IC	μA741	3	
45	IC	7805 (0.5A)	1	
46	IC	7905 (0.5A)	1	
47	IC	LM566C	1	
48	IC	IC-555	1	
49	IC	LM324	1	
50	IC	7486	1	
51	IC	ADC0804	1	
52	IC	DAC0800	1	
53	開關	PB (小型 push button，a 接點)	1	

參考文獻

[1] Sedra/Smith, "Microelectronic Circuits" 5th edition, Oxford University Press, Oxford.

[2] "微電子電路"(上、中、下冊)，曹恆偉、林浩雄編譯，台北圖書公司。

[3] Millman/Grabel, "Microelectronics" 2nd edition, McGraw-Hill Inc.

[4] "電子實習"(上、下冊)，吳鴻源編著，全華圖書公司。

[5] "電子學實習"(上、下冊)，許長豐、盧裕溢編著，高立圖書公司。

國家圖書館出版品預行編目資料

電子學實習 / 曾仲熙編著. -- 三版. -- 新北市 :
　全華圖書, 2015.11-
　　冊 ;　公分
　　ISBN 978-986-463-067-7(下冊 : 平裝附光碟片)

　1.CST: 電子工程　2.CST: 電路　3.CST: 實驗

448.6034　　　　　　　　　　　　　104021216

電子學實習(下)

(附 Pspice 試用版光碟)

作者 / 曾仲熙

發行人 / 陳本源

執行編輯 / 呂詩雯

出版者 / 全華圖書股份有限公司

郵政帳號 / 0100836-1 號

印刷者 / 宏懋打字印刷股份有限公司

圖書編號 / 06164027

三版四刷 / 2022 年 3 月

定價 / 新台幣 250 元

ISBN / 978-986-463-067-7(平裝附光碟片)

全華圖書 / www.chwa.com.tw

全華網路書店 Open Tech / www.opentech.com.tw

若您對書籍內容、排版印刷有任何問題，歡迎來信指導 book@chwa.com.tw

臺北總公司(北區營業處)
地址：23671 新北市土城區忠義路 21 號
電話：(02) 2262-5666
傳真：(02) 6637-3695、6637-3696

南區營業處
地址：80769 高雄市三民區應安街 12 號
電話：(07) 381-1377
傳真：(07) 862-5562

中區營業處
地址：40256 臺中市南區樹義一巷 26 號
電話：(04) 2261-8485
傳真：(04) 3600-9806(高中職)
　　　(04) 3601-8600(大專)

歡迎加入 全華會員

● 會員獨享
會員享購書折扣、紅利積點、生日禮金、不定期優惠活動…等。

● 如何加入會員
掃ORcode 或填妥讀者回函卡直接傳真 (02) 2262-0900 或寄回，將由專人協助登入會員資料，待收到 E-MAIL 通知後即可成為會員。

如何購買 全華書籍

1. 網路購書
全華網路書店「http://www.opentech.com.tw」，加入會員購書更便利，並享有紅利積點回饋等各式優惠。

2. 實體門市
歡迎至全華門市（新北市土城區忠義路 21 號）或各大書局選購。

3. 來電訂購
(1) 訂購專線：(02) 2262-5666 轉 321-324
(2) 傳真專線：(02) 6637-3696
(3) 郵局劃撥（帳號：0100836-1 戶名：全華圖書股份有限公司）
※ 購書未滿 990 元者，酌收運費 80 元。

OpenTech.com.tw
全華網路書店

全華網路書店 www.opentech.com.tw
E-mail: service@chwa.com.tw

※ 本會員制如有變更則以最新修訂制度為準，造成不便請見諒。

讀者回函卡

掃 QRcode 線上填寫 ▶▶▶

2020.09 修訂

註：數字零，請用 Φ 表示，數字 1 與英文 L 請另註明並書寫端正，謝謝。

姓名：　　　　　　　　　　生日：西元　　　　年　　　月　　　日　性別：□男 □女

電話：（　　）　　　　　　　　　　　手機：

e-mail：　　　　　　　　　　　　　　　　（必填）

通訊處：□□□□□

學歷：□高中・職　□專科　□大學　□碩士　□博士

職業：□工程師　□教師　□學生　□軍・公　□其他

學校／公司：　　　　　　　　　　　　　　　科系／部門：

・需求書類：

□ A. 電子 □ B. 電機 □ C. 資訊 □ D. 機械 □ E. 汽車 □ F. 工管 □ G. 土木 □ H. 化工 □ I. 設計

□ J. 商管 □ K. 日文 □ L. 美容 □ M. 休閒 □ N. 餐飲 □ O. 其他

・本次購買圖書為：　　　　　　　　　　　　　　　　書號：

・您對本書的評價：

封面設計：□非常滿意　□滿意　□尚可　□需改善，請說明

內容表達：□非常滿意　□滿意　□尚可　□需改善，請說明

版面編排：□非常滿意　□滿意　□尚可　□需改善，請說明

印刷品質：□非常滿意　□滿意　□尚可　□需改善，請說明

書籍定價：□非常滿意　□滿意　□尚可　□需改善，請說明

整體評價：請說明

・您在何處購買本書？

□書局　□網路書店　□書展　□團購　□其他

・您購買本書的原因？（可複選）

□個人需要　□公司採購　□親友推薦　□老師指定用書　□其他

・您希望全華以何種方式提供出版訊息及特惠活動？

□電子報　□ DM　□廣告（媒體名稱）

・您是否上過全華網路書店？（www.opentech.com.tw）

□是　□否　您的建議

・您希望全華出版哪方面書籍？

・您希望全華加強哪些服務？

感謝您提供寶貴意見，全華將秉持服務的熱忱，出版更多好書，以饗讀者。

填寫日期：　　／　　／

親愛的讀者：

感謝您對全華圖書的支持與愛護，雖然我們很慎重的處理每一本書，但恐仍有疏漏之處，若您發現本書有任何錯誤，請填寫於勘誤表內寄回，我們將於再版時修正，您的批評與指教是我們進步的原動力，謝謝！

全華圖書　敬上

勘　誤　表

書　號		書　名	作　者
頁　數	行　數	錯誤或不當之詞句	建議修改之詞句

我有話要說：（其它之批評與建議，如封面、編排、內容、印刷品質等・・・）